Wolfgang Weißbach
Uwe Bleyer
Manfred Bosse

Aufgabensammlung Werkstoffkunde und Werkstoffprüfung

herausgegeben von Wolfgang Weißbach

mit 63 Bildern

Vieweg

CIP-Kurztitelaufnahme der Deutschen Bibliothek

Weissbach, Wolfgang:
Aufgabensammlung Werkstoffkunde und Werkstoff-
prüfung / Wolfgang Weissbach; Uwe Bleyer; Manfred
Bosse. Hrsg. von Wolfgang Weissbach. — 1. Aufl. —
Braunschweig: Vieweg, 1978.
  (Viewegs Fachbücher der Technik)

NE: Bleyer, Uwe:; Bosse, Manfred:

Satz: Friedr. Vieweg & Sohn, Braunschweig
Druck: E. Hunold, Braunschweig
Buchbinder: W. Langelüddecke, Braunschweig

ISBN 978-3-528-04038-3   ISBN 978-3-322-89457-1 (eBook)
DOI 10.1007/978-3-322-89457-1

Vorwort

Alle Dozenten des Faches Werkstoffkunde leiden unter einer Art „Kostenschere": einem konstanten Stundenvolumen steht ein Lehrstoff gegenüber, der in Schwerpunkten zunehmend tiefer behandelt werden muß, sich aber gleichzeitig durch neue Werkstoffe und Technologien ausweitet.

Deshalb kommt der Eigenarbeit der Studierenden eine große Bedeutung zu. Was in den anderen Grundlagenfächern selbstverständlich ist — dem Unterrichtsfortschritt entsprechende Aufgaben zu lösen, um das im Unterricht Erlernte zu festigen, als auch an auftretende Probleme herangeführt zu werden — ist mit der Aufgabensammlung nun auch im Fach Werkstoffkunde und Werkstoffprüfung möglich.

Damit liegt — ähnlich wie für andere Werke dieser Fachbuchreihe — ein Lehr- und Lernsystem für das Fach Werkstoffkunde vor, das Stoffvermittlung und Stoffaneignung im Verbund anbietet.

Die häusliche Arbeit der Studierenden beschränkte sich bisher häufig auf das Durchlesen des im Unterricht besprochenen Stoffes. Besonders interessierte Studierende bemühten sich, dazu Fragen zu formulieren. Diese Methode war sehr mühevoll und brachte nur selten den notwendigen Erfolg.

Die Aufgabensammlung ermöglicht den Studierenden, den angestrebten Lernerfolg durch ein regelmäßiges, zielgerichtetes Arbeiten sicherer und bequemer zu erreichen und selbst zu kontrollieren. Deshalb ist das Buch in einen Aufgabenteil (Fragen) und einen Lösungsteil (Antworten) getrennt. Die Gliederung und Numerierung stimmt mit dem Lehrbuch überein (siehe Inhaltsverzeichnis). Dadurch kann nicht nur zur Frage die Antwort, sondern auch der zugehörige Lehrstoff schnell gefunden werden.

Den Dozenten soll das Buch außerdem bei der Erstellung von Aufgaben und Lösungen entlasten.

Für Kritik und Anregung danken wir im voraus und wünschen allen Benutzern des Lehrsystems einen guten Erfolg.

Die Autoren

Hinweise für den Benutzer

- Lehrbuch und Aufgabensammlung sind als Lehrsystem aufeinander abgestimmt.

- Gleichartige Abschnitte in Lehrbuch und Aufgabensammlung tragen die gleiche Nummer.

- Die Aufgaben sind an den Lernzielen für Fachschulen Technik orientiert.

- Die Fragestellungen erwarten knappe Antworten, als Lösung werden keine „Aufsätze" verlangt.

- Die Aufgaben folgen im allgemeinen dem Lehrbuchtext, daher ist ein nahezu synchroner Lernfortschritt möglich.

- Die Aufgaben enthalten z.T. Hinweise auf den Umfang der geforderten Antwort (in Klammern stehend).

- Die Antworten enthalten Hinweise auf ergänzende Informationen in anderen Abschnitten des Lehrbuches.

Inhaltsverzeichnis

1 Grundlagen

1.2 Eigenschaften der festen Werkstoffe

Lernziel: Der Studierende soll die wichtigsten Werkstoffeigenschaften nennen, in vier Gruppen gliedern und deren Abhängigkeit von den vier Merkmalen des inneren Baues mit Hilfe einfacher Beispiele erläutern können.

1 Werkstoffeigenschaften lassen sich in vier Gruppen einteilen. Nennen Sie diese und geben Sie zu jeder 2 Eigenschaften an.

2 Eigenschaften erklären sich aus dem inneren Bau (Struktur), der durch 4 Merkmale beschrieben werden kann. Wie heißen diese?

3 Welche der vier Merkmale lassen sich für einen gegebenen Stoff in Grenzen beeinflussen?

4 Wodurch läßt sich für einen gegebenen Werkstoff, z.B. Eisen, die Feinstruktur (Raumgitter) verändern (a, b)?

5 Welches der 4 Merkmale beeinflußt besonders die mechanisch-technologischen Eigenschaften eines Werkstoffes?

6 Untersuchen Sie, wie sich *eine* wesentliche Eigenschaft ändert, wenn das Gefüge der angeführten Werkstoffe verändert wird.

Beispiel: Stahlbeton mit wenig/starker Bewehrung (Festigkeit steigt).

a) Bleistiftmine aus Graphit/mit hohem Tonanteil,
b) Thermoplast rein/mit Glasfasern,
c) Bremsbeläge mit wenig/viel Metallanteil,
d) Sinterstahl mit wenig/viel Porenraum,
e) Sinterhartstoff mit wenig/viel Wolframcarbid.

1.3 Grundlagen der Metallkunde

1.3.1 Einteilung der Metalle und Häufigkeit

Lernziel: Der Studierende soll drei wesentliche Anforderungen nennen, die an metallische Werkstoffe gestellt werden, sowie drei übliche Einteilungen mit entsprechenden Beispielen angeben können.

1 Welche wesentlichen Eigenschaften muß ein metallischer Werkstoff haben, damit daraus hergestellte Bauteile:

a) eine ausreichende Lebensdauer besitzen,
b) ihre Aufgabe erfüllen,
c) niedrige Materialkosten haben?

2 Metalle werden aufgrund ihrer chemischen Beständigkeit in zwei Gruppen eingeteilt. Nennen Sie diese und je zwei Metalle als Beispiel.

3 Metalle werden aufgrund ihrer Dichte in zwei Gruppen eingeteilt. Nennen Sie diese und je zwei Metalle als Beispiel.

4 Metalle werden aufgrund ihrer thermischen Eigenschaften in drei Gruppen eingeteilt. Nennen Sie diese und je zwei Metalle als Beispiel.

5 Welche beiden Metalle sind am häufigsten in der Erdrinde anzutreffen?

1.3.2 Metalleigenschaften und Metallbindung

Lernziel: Der Studierende soll das Zustandekommen der Metallbindung, das Verhalten der Valenzelektronen, die auftretenden Kräfte beschreiben und daraus auf wichtige Metalleigenschaften schließen können.

1 Welcher Unterschied besteht zwischen den Elektronenhüllen der Metall- und Nichtmetallatome?

2 Warum streben Metallatome eine Bindung an?

3 Wie verändert sich die Ladung der Atome durch Abgabe von Elektronen?

4 Wie verhalten sich die Valenzelektronen im Metallverband?

5 Welche Kräfte wirken im Metallverband?

6 Wodurch kommt die Metallbindung zustande?

7 Was versteht man in der Metallkunde unter einem Raum- oder Kristallgitter?

8 Bei bestimmter Temperatur haben die Metallionen einen „mittleren" Abstand l_0.
a) Wie verhalten sich anziehende und abstoßende Kräfte?
b) Wie verändert sich der Abstand l_0, wenn Wärme zugeführt wird?

9 Welchen Einfluß hat eine Erwärmung auf die anziehenden Kräfte der Teilchen, bei welchen Fertigungsverfahren wird das ausgenutzt?

10 Worauf beruht die hohe elektrische Leitfähigkeit der Metalle gegenüber den Nichtmetallen?

11 Wie wirkt sich eine Temperaturerhöhung auf die elektrische Leitfähigkeit von Metallen aus (Begründung)?

12 Im Gegensatz zu z.B. Salz- oder Quarzkristallen lassen sich Metalle in Grenzen kaltverformen (z.B. beim Tiefziehen). Begründen Sie diese Tatsache mit dem Unterschied der Bindungsarten.

13 Wie wirkt sich die innere Ordnung der Metallionen bei einem Bruch auf das Aussehen der Bruchfläche aus?

1.3.3 Die Raumgittertypen der Metalle

Lernziel: Der Studierende soll den Aufbau der vier wichtigsten Raumgittertypen (Schichtenfolge, Koordinationszahl, Namen, Packungsdichte und Elementarzelle) erläutern, sowie die Unterschiede zwischen Real- und Idealkristall und ihre Auswirkung auf Eigenschaften und Verarbeitung beschreiben können.

1   Was verstehen Sie unter dem Begriff „Raumgitter"?

2   Nennen Sie die vier wichtigsten Raumgittertypen der Metalle.

3   Welche wichtigen mechanischen Eigenschaften der Metalle hängen vom Raumgittertyp ab?

4   Für das *hexagonale* Raumgitter sind die folgenden Fragen zu beantworten bzw. Aufgaben zu lösen:

    a) Woran erkennen Sie, ob in einem Raumgitter die dichteste Kugelpackung vorliegt?

    b) Wie viele Nachbarn mit gleichem, kürzesten Abstand besitzt jedes beliebige Atom in einem hexagonalem Raumgitter?

    c) Welche Schichten liegen beim hexagonalem Raumgitter übereinander?

    d) Skizzieren Sie eine Elementarzelle des hexagonalen Raumgitters.

    e) Nennen Sie zwei Metalle, die hexagonal kristallisieren.

5   Was verstehen Sie unter dem Begriff „Koordinationszahl"?

6   Was verstehen Sie unter dem Begriff „Elementarzelle" eines Raumgitters?

7   Was verstehen Sie unter dem Begriff „Gitterkonstante" eines Raumgitters?

8   Für das *kubisch-flächenzentrierte* Raumgitter sind die folgenden Fragen zu beantworten bzw. Aufgaben zu lösen.

    a) Was haben das kubisch-flächenzentrierte und das hexagonale Raumgitter gemeinsam?

    b) Wodurch unterscheiden sich das kubisch-flächenzentrierte und das hexagonale Raumgitter voneinander?

    c) Skizzieren Sie eine Elementarzelle des kubisch-flächenzentrierten Raumgitters.

    d) Nennen Sie zwei Metalle, die kubisch-flächenzentriert kristallisieren.

9   Für das *kubisch-raumzentrierte* Raumgitter sind die folgenden Fragen zu beantworten bzw. Aufgaben zu lösen.

    a) Erläutern Sie den Aufbau des kubisch-raumzentrierten Raumgitters.

    b) Welche Koordinationszahl liegt beim kubisch-raumzentrierten Raumgitter vor?

    c) Welche Folgerung kann man aus der Koordinationszahl auf die Dichte der Kugelpackung ziehen?

    d) Skizzieren Sie eine Elementarzelle des kubisch-raumzentrierten Raumgitters.

10 Für das *tetragonale* Raumgitter sind die folgenden Fragen zu beantworten bzw. Aufgaben zu lösen.

    a) Erläutern Sie den Aufbau des tetragonalen Raumgitters.
    b) Welche Aussage kann man hinsichtlich der Packungsdichte des tetragonalen Raumgitters machen?
    c) Skizzieren Sie eine Elementarzelle des tetragonalen Raumgitters.

11 Ordnen Sie die vier Raumgittertypen nach fallender Dichte der Kugelpackung.

12 Welche Arten von Kristallfehlern sind Ihnen bekannt?

13 Erläutern Sie die Ursache für das Entstehen unbesetzter Gitterplätze und von Versetzungen innerhalb der Kristalle.

14 Erläutern Sie die beiden Ursachen für das Auftreten von Fremdatomen innerhalb der Kristalle.

15 Wie werden die Eigenschaften eines Metalles beeinflußt:

    a) durch unbesetzte Gitterplätze,
    b) durch Versetzungen.

1.3.4 Die Entstehung des Gefüges

Lernziel: Der Studierende soll die metallkundlichen Grundlagen der Erstarrung, sowie die technologischen Maßnahmen zur Beeinflussung der Kristallisation beschreiben können.

1 Was versteht man unter Gefüge?

2 Wie wird das Gefüge von Metallen sichtbar gemacht?

3 Wobei entstehen Primärgefüge, wobei Sekundärgefüge?

4 Was ist erforderlich, damit eine Schmelze kristallisiert (a, b)?

5 Welche zwei Arten von Kristallkeimen kennen Sie (Bezeichnungen)?

6 a) Was verstehen Sie unter arteigenen Keimen?
    b) Nennen Sie die Arten der artfremden Keime mit je einem Beispiel.

7 Durch welche Maßnahmen kann bei der Erstarrung ein feinkörniges Gefüge erzielt werden (a, b)?

1.3.5 Die Ausnutzung der Kristallisationswärme zur thermischen Analyse

Lernziel: Der Studierende soll die thermische Analyse, ihre Aufgabe, die metallkundlichen Grundlagen und ihr Ergebnis mit den zugehörigen Fachworten beschreiben, sowie die physikalische Erscheinung nennen, welche die Meßergebnisse beeinflußt und deren Trend angeben können.

1 Welche beiden physikalischen Größen werden bei der thermischen Analyse gemessen?

2 Wie heißen die graphischen Darstellungen der Ergebnisse der thermischen Analyse? Fertigen Sie zwei schematische Skizzen an.

3 Wie heißen die Unstetigkeiten in den Kurven? Geben Sie Formelzeichen mit Indizes und deren Bedeutung an.

4 Welche physikalische Ursache haben die Unstetigkeiten in den Kurven?

5 Wie muß die thermische Analyse ablaufen, damit Schmelz- und Erstarrungspunkt eines Metalles bei der gleichen Temperatur gemessen werden?

6 Der Schmelzpunkt von Zink wird bei 420 °C gemessen, sein Erstarrungspunkt bei 418 °C. Wie läßt sich dieser Unterschied erklären? Wie heißt diese Erscheinung?

7 Durch welche Maßnahmen werden die Temperaturdifferenzen zwischen den Haltepunkten A_c und A_r verändert?

8 Welches technologische Verfahren nutzt die Verschiebung der Haltepunkte bei schneller Abkühlung zur Eigenschaftsänderung von Stahl aus?

1.3.6 Die Auswirkungen der Kristallstruktur auf die mechanischen Eigenschaften

Lernziel: Der Studierende soll die Reaktion des Raumgitters auf äußere Kräfte beschreiben und die Begriffe Textur, Anisotropie, Zeilengefüge und Gleitmöglichkeiten erläutern können.

1 Was verstehen Sie unter Anisotropie? Geben Sie je ein Beispiel für isotropes und anisotropes Verhalten eines beliebigen Werkstoffes.

2 Was verstehen Sie unter Textur, welche Folge hat sie auf die Eigenschaften eines Werkstoffes?

3 Welcher Unterschied besteht zwischen Faserstruktur und Textur?

4 a) Wodurch entsteht im Stahl eine Schmiedefaser?
b) Welche Auswirkung hat die Schmiedefaser auf Eigenschaften von Proben, die nach Skizze aus einem gewalztem Blech genommen wurden?

Beurteilen Sie die Zugfestigkeit und Bruchdehnung (Verformbarkeit beim Ziehen) beider Proben mit höher oder niedriger.

Probe	Zugfestigkeit	Dehnung
quer		
längs		

5 Im spannungslosen Zustand haben zwei Teilchen im Raumgitter den Abstand l_0, anziehende und abstoßende Kräfte sind dann im Gleichgewicht.

   a) Was geschieht, wenn durch äußere Kräfte der Abstand l_0 vergrößert wird?
   b) Welche Forderung ergibt sich aus a) für die Verformung?
   c) Welche Gleitrichtungen ergeben sich aus Forderung b) für eine dichtest gepackte Kugelschicht?

6 Jede größere Verformung läßt sich in zwei Anteilen messen. Wie heißen die beiden Anteile, wie lassen sie sich durch Messung unterscheiden?

7 Was verstehen Sie bei Anwendung auf die skizzierten Kugelschichten unter

   a) Gleitwiderstand,
   b) Trennwiderstand,
   c) welcher ist der größere?

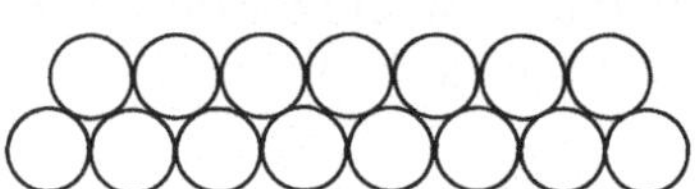

8 Was verstehen Sie unter Gleitebenen und Gleitmöglichkeiten

   a) allgemein,
   b) im kubisch-flächenzentrierten,
   c) im kubisch-raumzentrierten,
   d) im hexagonalen Raumgitter, mit Bezug auf die Elementarzellen?

9 Beurteilen Sie die Kaltformbarkeit mit sehr gut, gut und gering.

Raumgitter	krz.	kfz.	hex.
Bewertung			

10 Im Bild sind zwei Kugelschichten eines Kristalls herausgegriffen. Sie stehen unter einer senkrecht wirkenden Zugbelastung durch die Kräfte F, die wir uns immer größer werdend denken. Die Gleitebenen liegen einmal unter einem kleinen Winkel α zur Kraftrichtung (a) andermal unter

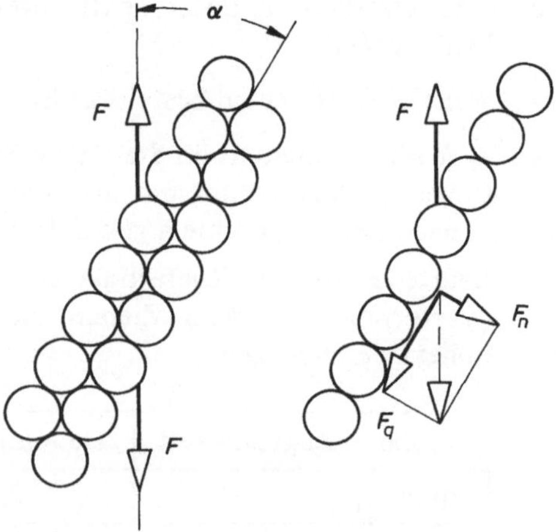

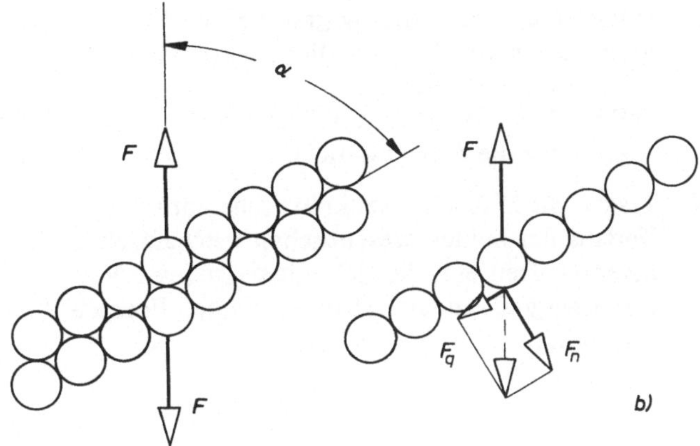

einem größeren (b). Eine Kugelschicht ist jeweils freigemacht, um die inneren Kräfte freizulegen. Es wird angenommen, daß Gleit- und Trennwiderstand der Kugelschichten gleich groß sind.

Beurteilen Sie die Reaktion der Kugelschichten unter Wirkung der Kräfte in den beiden Fällen.

11 Welcher Unterschied besteht zwischen

a) Translation und
b) Zwillingsbildung (Skizze)?

12 Wodurch lassen sich Zwillingsbildungen im Schliffbild erkennen?

13 Neben metallischen Werkstoffen mit einfachen Raumgittern existieren auch solche, deren Elementarzellen komplizierter gebaut sind und aus einer größeren Anzahl von Atomen bestehen. Welche Eigenschaftskombination folgern Sie daraus (Begründung)?

1.3.7 Die Kaltverfestigung

Lernziel: Der Studierende soll Ursachen und wesentliche Auswirkungen der Kaltverfestigung beschreiben und technische Anwendungen nennen können.

1 Erläutern Sie den Begriff „Kaltverfestigung" mit Hilfe der Änderung von zwei wichtigen mechanischen Eigenschaften der Metalle.

2 a) Welcher Unterschied besteht zwischen der Kaltumformung eines Einkristalls und der eines vielkristallinen Werkstoffes?
   b) Wie wirken sich die Gleitblockierungen auf den Gleit- und Trennwiderstand im Kristall aus?

3 a) Wie ist der Verformungsgrad definiert?
   b) Ein Blech von 1,5 mm Dicke wird kalt auf 0,3 mm abgewalzt. Wie groß ist der Verformungsgrad?
   c) Ein Blech von 0,2 mm Dicke besitzt einen Verformungsgrad von 60 %. Wie groß war die Ausgangsdicke?

4 Tragen Sie in das Achsenkreuz schematisch den Verlauf der beiden wesentlichen mechanischen Eigenschaften ein, die sich mit steigendem Verformungsgrad ändern (Kurve, Name, Formelzeichen).

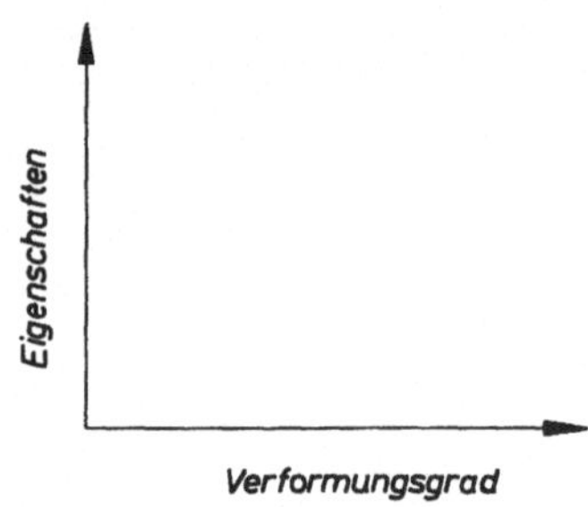

5 Wie erklären Sie sich die Erscheinung, daß kaltverformtes Kupfer eine schlechtere elektrische Leitfähigkeit besitzt als weiches?

6 Welche Bedeutung hat die F-Zahl in der Bezeichnung von Halbzeug aus NE-Metallen wie z.B. bei AlMnF100 oder AlMnF160?

7 Nennen Sie technische Anwendungen der Kaltverfestigung aus Ihrer Berufserfahrung.

1.3.8 Die Rekristallisation

Lernziel: Der Studierende soll die inneren Vorgänge bei der Rekristallisation, sowie die wichtigsten Einflußgrößen und deren Auswirkung auf Gefüge und Eigenschaften nennen können.

1 Was verstehen Sie unter Kristallerholung?

2 a) Was bedeutet Rekristallisation?
   b) Unter welchen Voraussetzungen findet eine Rekristallisation statt?
   c) An welchen Stellen des Gefüges beginnt die Kristallisation (Begründung)?

3 Wie heißt die graphische Darstellung der Größen, die bei der Rekristallisation eine Rolle spielen, welche Größen sind darin verknüpft?

4 Die Korngröße eines Rekristallisationsgefüges ist beeinflußbar. Geben Sie Einflußgrößen und Richtung des Einflusses an.

5 Wie werden Kalt- und Warmumformung unterschieden, wo liegt die Grenze zwischen beiden?

6 Welcher Zusammenhang besteht zwischen der Rekristallisationsgeschwindigkeit und der Verformungsgeschwindigkeit beim Schmieden und Walzen (allgemein bei Warmumformung)?

8

1.4 Zweistofflegierungen (binäre Legierungen)

Lernziel: Der Studierende soll Grundbegriffe der Zweistofflegierungen kennen, die Grundtypen „Kristallgemisch" und Mischkristall" mit Zustandsschaubild, Gefüge und Eigenschaftbild erläutern und die dabei gewonnenen Erkenntnisse auf die Überlagerung beider Grundtypen zum System Mischkristalle mit Mischungslücke übertragen können.

1.4.1 Allgemeines — Phasenregel

Lernziel: Der Studierende soll Grundbegriffe der Legierungslehre wie z.B. Komponente, Phase, Mischkristall, Kristallgemisch, ihre Entstehungsbedingungen und Unterscheidungsmerkmale erläutern können.

1 Warum verwendet man als Baustoffe in der Technik nur sehr selten reine Metalle? Nennen Sie einen wesentlichen Grund.

2 Warum werden als Baustoffe in der Technik vor allem Legierungen verwendet?

3 Welche Eigenschaften des Eisens können durch Legierungselemente (LE) verändert werden? Geben Sie dazu drei Beispiele aus Ihrer Berufserfahrung.

4 Was versteht man unter den „Komponenten" einer Legierung?

5 Gehören Legierungen zu den physikalischen Gemengen oder den chemischen Verbindungen (Begründung)?

6 Welche beiden Kombinationsmöglichkeiten ergeben sich, wenn als Komponenten von Zweistofflegierungen sowohl Metalle als auch Nichtmetalle auftreten können? Nennen Sie dazu je ein Beispiel von Legierungen aus Ihrer Berufserfahrung.

7 Bei Legierungen zwischen Metall und Nichtmetall entstehen häufig chemische Verbindungen, geben Sie die Ursache an.

8 Welche chemischen Verbindungen (Gruppennamen) treten häufig in Legierungen auf?

9 Was verstehen Sie unter „Phase" einer Legierung?

10 Nennen Sie Anzahl, Namen der Komponenten und Phasen von

a) Grauguß (Gußeisen mit Lamellengraphit).
b) Baustahl.

11 Skizzieren Sie schematisch die Abkühlungskurven von

a) einem Reinmetall,
b) einer Legierung,
c) einem amorphen Stoff in ein Achsenkreuz.

12 Welche Unterschiede sind aus den Abkühlungskurven von Reinmetall, Legierung und amorphem Stoff zu erkennen?

13 Was verstehen Sie unter „Freiheitsgrad" in der Metallkunde?

14 Bestimmen Sie mit Hilfe der Phasenregel die Freiheitsgrade an den Stellen 1 ... 3 (mit Deutung):

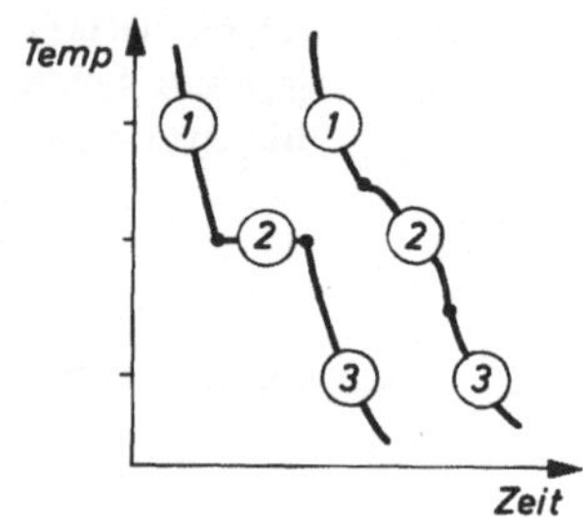

a) für das reine Metall,
b) für die Legierung.

15 a) Wie können sich die Komponenten einer Legierung hinsichtlich ihrer Löslichkeit im flüssigen Zustand verhalten (drei Möglichkeiten)?
b) Zu welchem der drei Fälle gehören die meisten Werkstoffe des Maschinenbaus (Begründung)?

16 Welche beiden Legierungssysteme (Grundtypen) kennen Sie? Nennen Sie je ein Beispiel.

17 Welche Bedingungen müssen die Komponenten erfüllen, damit sie das System „Mischkristall" aufbauen?

18 Welche Bedingungen müssen die Komponenten erfüllen, damit sie das System „Kristallgemisch" aufbauen?

19 Zu welcher Gruppe von physikalischen Gemengen gehören Legierungen, die nach dem System

a) Kristallgemisch,
b) Mischkristall erstarren?

Geben Sie die Zahl der Phasen an.

20 Was verstehen Sie unter „löslich im festen Zustand"?

21 Was verstehen Sie unter „unlöslich im festen Zustand"?

1.4.2 Entstehung eines Zustandsschaubildes

Lernziel: Der Studierende soll die Entstehung eines Zustandsschaubildes erläutern und aus gegebenen Abkühlungskurven ein einfaches konstruieren können.

1 Skizzieren Sie die Abkühlungskurve einer beliebigen Legierung des Systems „Kristallgemisch".

2 Welche Stelle der Abkühlungskurve kennzeichnet den Beginn der Erstarrung (Begründung)?

3 Wie verhalten sich die Legierungen des Systems „Kristallgemisch" bei der Erstarrung?

4 Ermitteln Sie aus den gegebenen Abkühlungskurven das Zustandsschaubild des Systems Blei-Antimon (Hartblei).

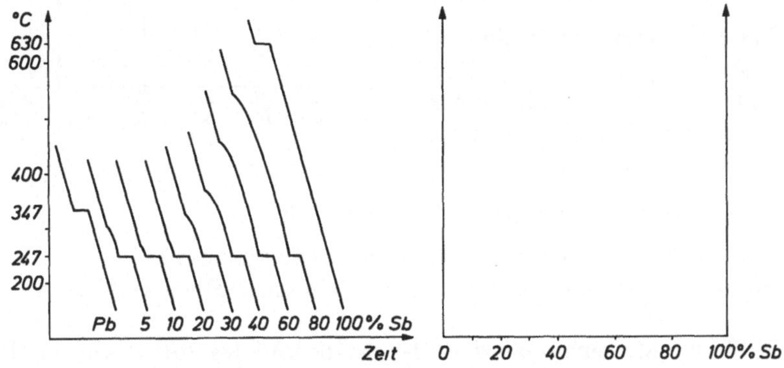

5 Warum verschiebt sich beim System Kristallgemisch der Beginn der Erstarrung durch den Einfluß der Legierungselemente (LE) nach tieferen Temperaturen?

6 Skizzieren Sie schematisch das Zustandsschaubild eines Systems „Kristallgemisch" mit den Komponenten A und B und benennen Sie die Linienzüge und Phasenfelder.

7 Wozu benötigt man ein Zustandsschaubild?

1.4.3 Das Lesen eines Zustandsschaubildes

Lernziel: Der Studierende soll mit Hilfe von Legierungskennlinie und Temperaturwaagerechten den Abkühlungsverlauf bestimmter Legierungen beschreiben und die dabei auftretenden Phasen qualitativ und quantitativ ermitteln können.

Die folgenden Fragen beziehen sich auf Erstarrungsvorgänge der Legierung L_1 des nebenstehenden Systems „Kristallgemisch".

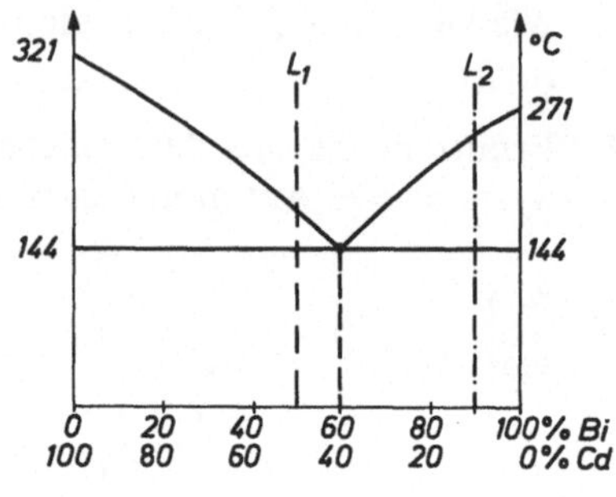

1 Wodurch ist der Erstarrungsbeginn gekennzeichnet?

2 a) Welche Phase scheidet mit Beginn der Erstarrung aus?
   b) Wie verändert sich die Zusammensetzung der Schmelze bei sinkender Temperatur (Begründung)?

3 Die Legierung L_1 hat die Temperatur 144 °C erreicht.

   a) Welche Zusammensetzung hat die Restschmelze (Begründung)?
   b) Wie verhalten sich die Komponenten der Restschmelze bei weiterer Abkühlung?
   c) Berechnen Sie die Massenanteile der Cd-Kristalle und des Eutektikums in Prozent.

4 Skizzieren Sie schematisch das Gefüge der Legierung L_1 bei Raumtemperatur und bezeichnen Sie die Kristallarten.

5 Wodurch unterscheiden sich die Legierungen

   a) links vom Eutektikum,
   b) rechts vom Eutektikum?

6 Berechnen Sie die Massenanteile der zuerst ausgeschiedenen Kristallart und des Eutektikums einer Legierung L_2 mit 90 % Bi und 10 % Cd bei Raumtemperatur.

1.4.4 Allgemeine Eigenschaften der Legierungen Grundtyp I

Lernziel: Der Studierende soll durch Vergleich der reinen Metalle mit der heterogenen Legierung auf deren allgemeine Eigenschaften schließen, sowie das Verhalten beim Giessen, Zerspanen und Umformen folgern können.

1 Die mechanischen und technologischen Eigenschaften der Legierungen des Typs „Kristallgemisch" liegen zwischen denen der reinen Komponenten. Begründen Sie diese Tatsache.

2 Vergleichen Sie Legierungen im Bereich der eutektischen Zusammensetzung mit den reinen Komponenten im grundsätzlichen Verhalten bei:

   a) Gießen,
   b) Zerspanen,
   c) Kaltverformung (Begründungen).
   d) Folgern Sie daraus die vorwiegend angewandten Arbeitsgänge in der Fertigung bis zum Werkstück.

3 Nennen Sie zwei Beispiele zur guten Gießbarkeit der eutektischen bzw. naheutektischen Legierungen aus Ihrer Berufserfahrung.

4 Beurteilen Sie Gießbarkeit von Stahlguß (0,2 ... 0,6 % C) und Gußeisen (3 ... 4 % C) anhand des Eisen-Kohlenstoff-Diagrammes (LB, Bild 2.12b).

1.4.5 Zustandsschaubild Grundtyp II

Lernziel: Der Studierende soll den Abkühlungsverlauf einer bestimmten Legierung in einem gegebenen Zustandsschaubild mit Hilfe des Hebelgesetzes beschreiben und die Zusammensetzung des Gefüges berechnen (schätzen) können.

1 Skizzieren Sie die Abkühlungskurve einer beliebigen Legierung des Systems „Mischkristall".

2 Wie verhalten sich alle Legierungen dieses Typs bei der Erstarrung?

3 Wodurch unterscheiden sich die verschiedenen Legierungen dieses Systems voneinander?

4 Skizzieren Sie schematisch das Zustandsschaubild eines Systems „Mischkristalle" mit den Komponenten A und B und benennen Sie die Linienzüge und Phasenfelder.

Die folgenden Fragen beziehen sich auf Erstarrungsvorgänge der Legierung L_1 des nebenstehenden Systems „Mischkristall".

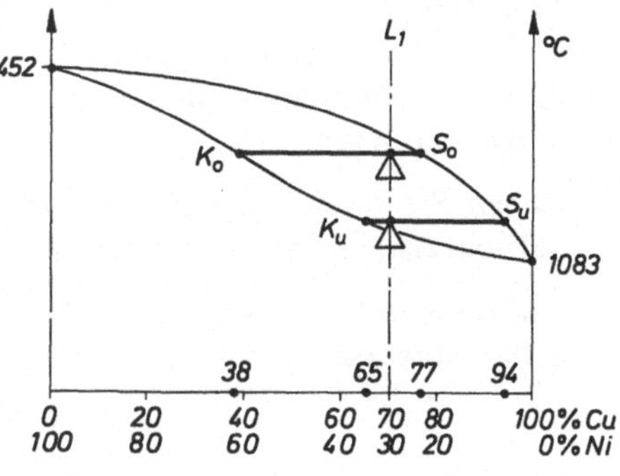

5 Wodurch ist der Erstarrungsbeginn gekennzeichnet?

6 Welche Phase scheidet mit Beginn der Erstarrung aus?

7 a) Beurteilen Sie am oberen Waagebalken den Anteil der Phasen und ihre Zusammensetzung im Vergleich zur Legierung L_1.
b) Desgleichen am unteren Waagebalken.

8 Begründen Sie die unter 7 festgestellten Erscheinungen.

9 a) Welche Zusammensetzung haben alle Mischkristalle der Legierung L_1 nach vollständiger Erstarrung (Begründung)?
b) Unter welchen Bedingungen kann diese Zusammensetzung erreicht werden?
c) Wie verändern sich die Kristalle bei schneller Abkühlung?

13

10 Wodurch kann man Kristallseigerungen begrenzen?

11 Wie kann man Kristallseigerungen nachträglich vermindern?

12 Was verstehen Sie unter Diffusion in der Metallkunde?

13 Welche fünf Faktoren beeinflussen die Diffusion (Begründung)?

1.4.6 Allgemeine Eigenschaften der Mischkristallgefüge

Lernziel: Der Studierende soll durch Vergleich der reinen Metalle mit der homogenen Legierung auf deren allgemeine Eigenschaften schließen sowie ihr Verhalten beim Gießen, Zerspanen und Umformen folgern können.

1 Legierungen des Systems „Mischkristall" zeigen bei bestimmten Zusammensetzungen wesentlich höhere oder tiefere Eigenschaftswerte als die reinen Komponenten. Begründen Sie diese Erscheinung an der Eigenschaft Härte bzw. Zugfestigkeit.

2 Beurteilen Sie das grundsätzliche Verhalten von Legierungen des Typs „Mischkristall" bei

a) Kaltverformung,
b) Gießen,
c) Zerspanen (Begründungen).
d) Folgern Sie daraus die vorwiegend angewandten Arbeitsgänge in der Fertigung bis zum Werkstück.

3 Geben Sie zwei Beispiele zur guten Kaltformbarkeit der Legierungen des Typs „Mischkristalle" aus Ihrer Berufserfahrung.

4 Auf welche Weise wird die schlechte Zerspanbarkeit homogener Mischkristallgefüge verbessert?

2 Die Legierung Eisen-Kohlenstoff

2.1 Abkühlungskurve und Kristallarten des Reineisens

Lernziel: Der Studierende soll die Abkühlungskurve des Reineisens schematisch skizzieren, Haltepunkte und Existenzbereich der Kristallarten eintragen, sowie den gegebenen Temperaturen zuordnen können.

1 Skizzieren Sie schematisch das Ergebnis der thermischen Analyse des Reineisens bei schneller Erwärmung und Abkühlung und, bezeichnen Sie die Halte- und Knickpunkte mit den entsprechenden Indizes.

2 Ordnen Sie den angegebenen Temperaturen die entsprechenden Umwandlungen 1 ... 5 sowie die Haltepunktsbezeichnungen zu.

(1) δ-γ-Umwandlung (2) γ-α-Umwandlung (3) α-γ-Umwandlung
(4) Erstarrung (5) Eisen wird magnetisch

Temperatur	1536	1402	911	769 °C
Umwandlung				
Haltepunkt				

3 Skizzieren Sie die Elementarzellen der beiden Raumgitter des Eisens und schreiben Sie die metallographischen Bezeichnungen dazu.

4 δ- und α-Eisen haben ein kubisch- .... Raumgitter. Sie unterscheiden sich nur durch die ....

Lernziel: Der Studierende soll die physikalisch-technologischen Eigenschaften des γ- und des α-Eisens aus ihren Raumgittern folgern, sowie die Löslichkeit des Kohlenstoffes und ihre Temperaturabhängigkeit aufzeigen und begründen können.

5 Bewerten Sie die Kaltformbarkeit des γ- und des α-Eisens mit gering, gut oder sehr gut (Begründung).

6 Welche Art von Mischkristallen kann der Kohlenstoff mit dem Eisen bilden (Begründung)?

7 Vergleichen Sie die beiden Raumgitter des Eisens auf die Größe ihrer Zwischengitteratome (kleine Kugeln im Bild),und folgern Sie daraus das Lösungsvermögen für Kohlenstoff:

a) Welches Raumgitter hat das größere Lösungsvermögen?

b) Berechnen Sie mit Hilfe des Bildes die Durchmesser der Einlagerungsatome in den Zwischengitterplätzen, $d = f(D)$. Dabei wird angenommen, daß im krz. Gitter sich die Kugeln in Richtung der Raumdiagonalen berühren und im kfz. Gitter in der Flächendiagonalen.

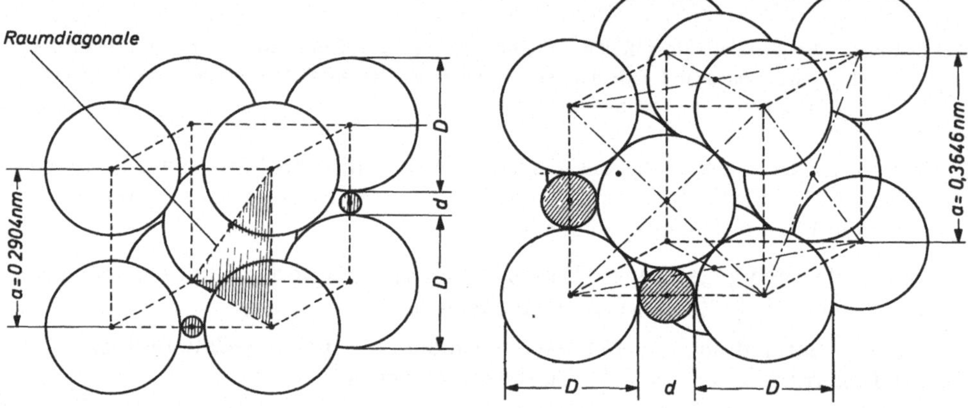

8 Welches maximale Lösungsvermögen haben Ferrit und Austenit für Kohlenstoff?

9 Von welcher physikalischen Größe hängt das Lösungsvermögen des Austenits für Kohlenstoff ab? Geben Sie die beiden Werte an, die mit dem niedrigsten C-Gehalt des Austenits verknüpft sind.

10 Welche der vier Kristallarten des Eisens ist magnetisch?

11 Ordnen Sie folgende Begriffe einander zu.

Ferrit   1 höhere Wärmedehnung
Austenit   2 niedrigere Wärmedehnung

12 Wie wirkt sich der plötzliche Übergang der Atome von einer dichteren in eine weniger dichte Packung auf die Länge eines Metallstabes aus?

13 Wie heißt die meßtechnische Ausnutzung der plötzlichen Längenänderung eines Stabes bei der Gitterumwandlung?

14 Wie müßte die schematische Kurve der Längenänderung = f (Temperatur) für eine gedachte Legierung aussehen (sie besitzt bei Raumtemperatur ein kfz. Gitter bei höherer Temperatur ein krz. Gitter)?

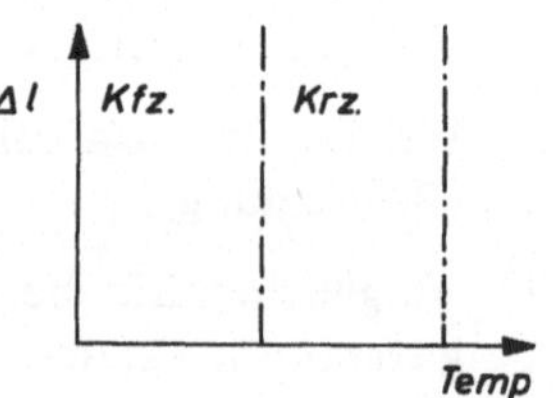

15 Welche Auswirkung hat der Volumensprung bei der Abkühlung von Werkstücken mit unterschiedlichen Querschnitten?

16 Welche Auswirkung hat der Volumensprung auf ein Blech aus unlegiertem Stahl mit Oxidschicht, das ständig über A_{c3} erwärmt und wieder abgekühlt wird, wie z.B. Bleche von Kästen, in denen Werkstücke aufgekohlt (eingesetzt) werden?

2.2 Erstarrungsformen

Lernziel: Der Studierende soll den Einfluß des Kohlenstoffs als Legierungselement auf Abkühlungskurve und Gefügeausbildung erläutern können.

1 Wie verändern sich Abkühlungskurve und Lage der Haltepunkte durch die Anwesenheit von Kohlenstoff im Eisen?

2 Auf welche Weise gelangt der Kohlenstoff in das Eisen?

3 Welche mechanische Eigenschaft des Eisens wird bereits durch kleine C-Gehalte stark verbessert?

4 Läßt sich reines Eisen durch Abschrecken härten?

5 Ist Kohlenstoff im Vergleich zu anderen Stahlveredlern (Cr, Mo, V, W) teuer oder preisgünstig?

6 Nennen Sie vier Gesichtspunkte, welche die Bedeutung des Kohlenstoffs als Legierungselement kennzeichnen (Zusammenfassung der Fragen 2 ... 5).

7 Nennen Sie die beiden Erstarrungsformen des Legierungssystems Eisen-Kohlenstoff.

8 Geben Sie für beide Systeme die Kristallarten (Phasen) bei Raumtemperatur und ihre metallographische Bezeichnung an.

9 Warum können beim System Fe-C zwei Erstarrungsformen entstehen? Begründen Sie dies mit Hilfe der Theorie der chemischen Bindung.

10 Nachstehend sind technologische Maßnahmen angeführt, welche die Erstarrungsform beeinflussen. Ordnen Sie diese den beiden Begriffen „stabil" und „metastabil" zu.

a) schnelle Abkühlung,
b) geringer C-Gehalt,
c) langsame Abkühlung,
d) hoher C-Gehalt,
e) Mn als Legierungselement,
f) Si als Legierungselement,

Maßnahme	a	b	c	d	e	f
stabil						
metastabil						

ankreuzen.

g) Begründen Sie die Punkte a) und b) Ihrer Entscheidung.

11 Erstarren die Legierungen jeweils nur rein stabil oder rein metastabil, oder sind Überlagerungen beider Systeme in einem Gefüge denkbar? Durch welche Maßnahmen kann das erreicht werden?

12 Ordnen Sie die verschiedenen Fe-C-Legierungen den drei Systemen zu:
1 stabiles System,   2 metastabiles System,   3 Überlagerung beider Systeme.

	a Stahl St-37		e Kugelgraphitguß GGG-35
	b Grauguß GG-15		f Kugelgraphitguß GGG-60
	c Grauguß GG-40		g Temperrohguß
	d Hartguß GH		h Temperguß GTS-35

13 Temperrohguß muß graphitfrei erstarren (metastabil). Was muß der Konstrukteur beachten, damit diese Forderung erfüllt werden kann?

14 Gußteile aus GG haben oft eine sehr harte Gußhaut, die schwer zerspanbar ist. Wie erklären Sie sich diese Erscheinung?

15 Gußteile haben oft unterschiedliche Wanddicken und Querschnitte. Welche Auswirkungen ergeben sich aus den unter Frage 10 angeführten Entstehungsbedingungen beider Erstarrungsformen?

2.3 Das Eisen-Kohlenstoff-Diagramm (EKD)

Lernziel: Der Studierende soll den Aufbau des EKD als Kombination der beiden Grundtypen von Legierungssystemen beschreiben, die dabei auftretenden Kristallisationsvorgänge auf das EKD übertragen und insbesondere Stahlecke und Abkühlungsverlauf der beiden typischen Stahlgruppen mit schematischen Gefügebildern erläutern können.

2.3.1 Erstarrungsvorgänge

1 Welche Größen werden im EKD auf Abszisse und Ordinate aufgetragen?

2 a) Warum ist das EKD (metastabiles System) mit einem C-Gehalt von 6,67 % C begrenzt?
b) Berechnen Sie den C-Gehalt von Eisencarbid Fe_3C.

3 Vergleichen Sie den Verlauf der oberen Linien im vereinfachten EKD mit den Zustandsschaubildern Grundtyp I und II (Kristallgemisch und Mischkristall).
a) In welchem Bereich (C-Gehalt) verhalten sich die Legierungen wie der Typ „Mischkristalle"?
b) In welchem Bereich verhalten sich die Legierungen wie der Typ „Kristallgemisch"?
c) Tragen Sie die Phasen in die beiden oberen Zustandsfelder des EKD ein, und bezeichnen Sie Liquidus- und Soliduslinie.

4 Wie viele Legierungen müssen herausgegriffen werden, um die Erstarrung sämtlicher Legierungen zu beschreiben? Nennen Sie die Teilbereiche (C-Gehalt und Namen), für die jeweils eine Legierung genügt.

5 Nennen Sie die Kristallarten nach gerade beendeter Erstarrung von Legierungen aus den Bereichen

a) Stahl, b) untereutektisches Eisen, c) übereutektisches Eisen.

6 Zustandsschaubilder gelten für eine sehr langsame Abkühlung. Wie wirkt sich eine schnelle Abkühlung auf die γ-Mischkristalle aus?

7 Skizzieren Sie schematisch das Gefüge wie es unmittelbar nach der Erstarrung vorliegt, von je einer Legierung aus den Bereichen

a) Stahl, b) untereutektisches Eisen, c) übereutektisches Eisen,

und geben Sie die metallographischen Bezeichnungen an.

2.3.2 Die Umwandlungen im festen Zustand und die Perlitbildung

1 Mit welchem der Legierungssysteme (Grundtyp I oder II) kann man die Stahlecke des EKD vergleichen?

2 Ermitteln Sie die Phasen in der Stahlecke durch Vergleich mit dem System „Kristallgemisch" (Grundtyp I). Skizzieren Sie dazu die Stahlecke mit den metallographischen Bezeichnungen.

3 Welcher wesentliche Unterschied besteht zwischen der Stahlecke und dem System „Kristallgemisch"?

4 Wie viele Legierungen müssen herausgegriffen werden, um die Umwandlungen sämtlicher Stähle zu erfassen? Nennen Sie die Teilbereiche (C-Gehalt und Namen) für die jeweils eine Legierung genügt.

5 Die Fragen und Aufgaben beziehen sich auf die Umwandlung der reinperlitischen Legierung, Stahl mit 0,8 % C.

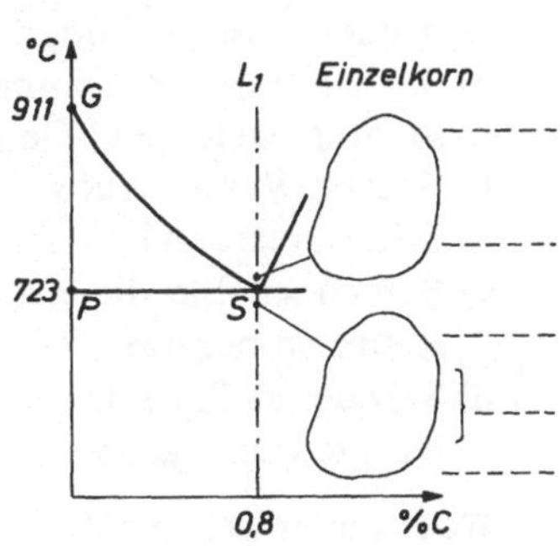

a) Welches Raumgitter besitzt das Eisen der Legierung L_1 oberhalb und unterhalb von 723 °C?

b) Wieviel Kohlenstoff kann dieses Eisen oberhalb und unterhalb von 723 °C lösen?

c) Welchen Einfluß hat der C-Gehalt auf den Beginn der γ-α-Umwandlung (Begründung)?

d) Welche Folgerung ergibt sich aus den Antworten zu a) und b) für die C-Atome, wenn die Legierung beim Abkühlen die Temperatur 723 °C unterschreitet?

e) Zeigen Sie die Gefügeänderung bei der γ-α-Umwandlung an einem einzelnen Kristallkorn (Bild) über und unter 723 °C, und geben Sie alle metallographischen Bezeichnungen an.

f) Welche Auswirkung hat eine schnelle Abkühlung auf die γ-α-Umwandlung und das entstehende Gefüge (Begründung)?

6 Fassen Sie die Vorgänge bei der γ-α-Umwandlung bei 723 °C zusammen:

a) Welche beiden Bezeichnungen hat diese Umwandlung?

b) Welche beiden Teilvorgänge lassen sich erkennen?

7 Die Fragen und Aufgaben beziehen sich auf Änderungen und Umwandlung der unterperlitischen Legierung L_2 (Bild). Verwenden Sie zur Beantwortung die Hilfslinien zum Lesen eines Zustandsschaubildes.

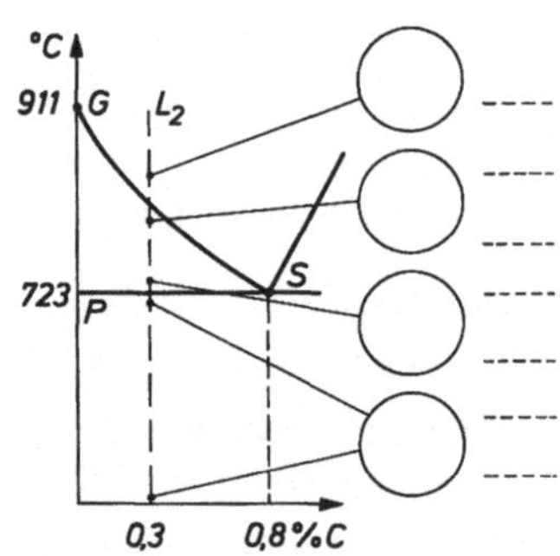

a) Welche Umwandlung setzt ein, wenn die Legierungskennlinie mit sinkender Temperatur die Linie *GS* schneidet?

b) Welche Phase scheidet mit Beginn dieser Umwandlung aus?

c) Bei welcher Temperatur ist diese Umwandlung abgeschlossen?

d) Wie verändert sich die Zusammensetzung des restlichen Austenits infolge der Ausscheidungen (Begründung)?

e) Bis zu welcher Temperatur ändert der restliche Austenit seine Zusammensetzung, welcher C-Gehalt liegt dann vor?

f) Welche Veränderung erfolgt beim Unterschreiten der Linie *PS* mit dem restlichen Austenit?

g) Berechnen Sie die prozentualen Anteile von Ferrit und Perlit am Gefüge bei Raumtemperatur.

h) Skizzieren Sie schematisch das Gefüge der Legierung an den vier markierten Punkten und geben Sie die metallographischen Bezeichnungen an (Bild oben).

8 Wodurch unterscheiden sich die unterperlitischen Legierungen untereinander?

9 Welche Auswirkung hat eine schnellere Abkühlung auf die Gefügebildung (Begründung)?

10 Die Fragen und Aufgaben beziehen sich auf Änderungen und Umwandlungen der überperlitischen Legierung L_3 (Bild). Verwenden Sie zur Beantwortung die Hilfslinien zum Lesen der Zustandsschaubilder.

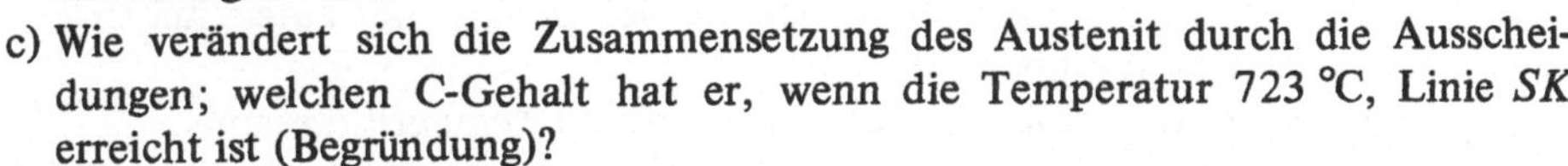

a) Welcher Vorgang setzt ein, wenn die Legierungskennlinie mit sinkender Temperatur die Linie SE schneidet (Begründung)? Bei welcher Temperatur ist er abgeschlossen?

b) In welcher Form finden die Ausscheidungen statt?

c) Wie verändert sich die Zusammensetzung des Austenit durch die Ausscheidungen; welchen C-Gehalt hat er, wenn die Temperatur 723 °C, Linie SK erreicht ist (Begründung)?

d) Welche Änderung erfolgt mit dem Austenit, wenn die Linie SK unterschritten wird?

e) Skizzieren Sie schematisch das Gefüge der Legierung L_3 an den vier markierten Punkten und geben Sie die metallographischen Bezeichnungen an (Bild oben).

f) Berechnen Sie die prozentualen Anteile des Gefüges bei Raumtemperatur (1) von Perlit und Sekundärzementit, (2) von Ferrit und Zementit (gesamt).

g) Ermitteln Sie unter Verwendung der Hilfslinien das Lösungsvermögen des Austenits für Kohlenstoff bei den Temperaturen T_1 und T_2.

11 Wodurch unterscheiden sich die überperlitischen Legierungen untereinander?

12 Die Fragen und Aufgaben beziehen sich auf Änderungen und Umwandlungen der Legierungen L_4 und L_5 (Bild). Verwenden Sie zur Beantwortung die Hilfslinien zum Lesen der Zustandsschaubilder.

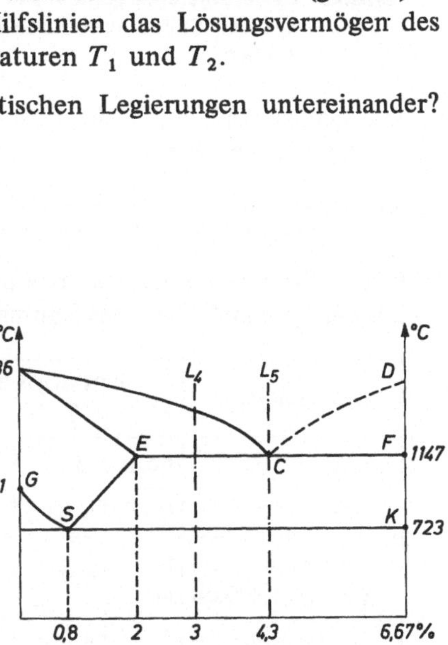

a) Welcher Vorgang setzt ein, wenn L_4 nach beendeter Erstarrung bei 1147 °C weiter abkühlt, bei welcher Temperatur ist er abgeschlossen?

b) In welcher Form finden die Ausscheidungen statt?

c) Wie verändert sich die Zusammensetzung des Austenits durch die Ausscheidungen, welchen C-Gehalt hat er, wenn die Temperatur 723 °C, Linie SK, erreicht ist (Begründung)?

d) Welche Änderung erfolgt mit dem Austenit, wenn die Linie SK unterschritten wird?

e) Skizzieren Sie schematisch das Gefüge der Legierung L_4 bei Raumtemperatur, und geben Sie die metallographischen Bezeichnungen an.

f) Berechnen Sie die prozentualen Anteile des Gefüges der Legierung L_4 bei Raumtemperatur
(1) von Perlit und Ledeburit, (2) von Ferrit und Zementit (gesamt).

g) Wodurch unterscheiden sich die untereutektischen Legierungen voneinander?

h) Aus welchen Kristallarten besteht das Eutektikum Ledeburit
(1) bei Temperaturen dicht unterhalb der Soliduslinie,
(2) bei Temperaturen dicht oberhalb der Linie PSK,
(3) bei Raumtemperatur?

i) Berechnen Sie die prozentualen Anteile des Gefüges der eutektischen Legierung L_5 bei Raumtemperatur
(1) von Perlit und Zementit, (2) von Ferrit und Zementit (gesamt).

2.4 Die Eigenschaften der Stähle und Eisenlegierungen in Abhängigkeit vom Kohlenstoffgehalt und den Eisenbegleitern

2.4.1 Wirkung des Kohlenstoffs

Lernziel: Der Studierende soll die wichtigsten mechanischen und technologischen Eigenschaften der Stähle und Eisenlegierungen in Abhängigkeit vom C-Gehalt beurteilen können.

1 Das Gefüge und damit die Eigenschaften sämtlicher Fe-C-Legierungen werden im wesentlichen von fünf Faktoren bestimmt, welche sind es?

2 Die unter 1 genannten Faktoren beeinflussen sich gegenseitig. Belegen Sie diese Erscheinung mit zwei Beispielen.

3 Geben Sie für jede Kristallart eine der Auswahlantworten 1, 2 oder 3 an, die Sie aus der Beschaffenheit des Raumgitters folgern sollen.

| Eigenschaft | Antworten | | | Ferrit | Austenit | Zementit | Graphit |
	1	2	3				
Raumgitter	hex.	krz.	kfz.				
Härte	hoch	mittel	klein				
elastische Verformbarkeit	sehr gut	gut	keine				
magnetische Eigenschaften	vorh.	nicht vorh.					

4 Die mechanischen Eigenschaften Zugfestigkeit, Härte und Kaltformbarkeit werden vorwiegend durch die prozentualen Anteile an Ferrit und Zementit bestimmt.

Begründen Sie diese Tatsache, und belegen Sie es durch eine Gegenüberstellung von St 37 mit 0,2 % C und St 70 mit 0,6 % C.

5 In welcher Form treten Ferrit und Zementit im Gefüge (Schliffbild) der Stähle auf? Ordnen Sie durch Ankreuzen zu.

C-Bereich	Gefüge-Bestandteil	Kristallarten und Form			
		Ferrit		Zementit	
		feinkörnig, rundlich	streifig	streifig	schalenförmig
0 ... 0,8 %	Ferrit				
	Perlit				
0,8 ... 2 %	Perlit				
	sek. Zementit				

6 In welchen Formen kann Graphit im Gefüge vorliegen?

7 Welche Auswirkung haben steigende C-Gehalte auf folgende mechanische Eigenschaften (Begründung):
a) Zugfestigkeit,
b) Härte,
c) Bruchdehnung, Brucheinschnürung und Kerbschlagzähigkeit?

8 Welche Auswirkungen haben steigende C-Gehalte auf Kalt- und Warmformbarkeit der Stähle, bis zu welchen C-Gehalten sind die Verfahren etwa anwendbar?

9 Welche mechanischen Eigenschaften beeinflussen vor allem die Schweißbarkeit von Stählen (Begründung)?

10 Welche Auswirkung haben steigende C-Gehalte auf die Schweißeignung von Stählen, bis zu welchen C-Gehalten sind Stähle schweißbar?

11 a) Welche mechanischen Eigenschaften beeinflussen vor allem die Zerspanbarkeit?
b) Welche Wirkung haben steigende C-Gehalte auf die Zerspanbarkeit der Fe-C-Legierungen (Begründung):
(1) metastabiles System,   (2) stabiles System?

2.4.2 Die Wirkung der Eisenbegleiter

Lernziel: Der Studierende soll die Eisenbegleiter nennen und deren Einflüsse (günstig/ungünstig) auf Gefüge und wichtige Eigenschaften der Stähle qualitativ angeben können.

1 Welche chemischen Elemente treten in Fe-C-Legierungen als Eisenbegleiter auf? Ordnen Sie diese nach a) qualitätsmindernden und b) teilweise erwünschten Elementen.

2 Wodurch gelangen diese Elemente im einzelnen in das Gefüge der Stähle?

3 Warum ist eine vollständige Entfernung der qualitätsmindernden Elemente nicht möglich?

4 In welcher Form liegt Si bei kleinen Gehalten im Gefüge vor? Welche Nachteile ergeben sich daraus für die Fertigungsverfahren Kalt- und Warmumformen und Schweißen?

5 Welche günstigen Eigenschaftsänderungen bewirkt Si in
a) Stählen für die E-Technik,
b) Fe-C-Gußwerkstoffen?

6 Mn liegt bei kleinen Gehalten als MnS und MnO vor, die bei Warmumformung eine Faserstruktur ergeben. Welche Auswirkungen hat diese auf die mechanischen Eigenschaften der daraus hergestellten Proben (Anisotropie)?

7 Der Hochbaustahl St 52-3 DIN 17 100 enthält etwa 0,9 ... 1,4 % Mn. Geben Sie dafür eine Begründung.

8 Welche Auswirkung hat Mn auf die Erstarrungsform der Fe-C-Gußlegierungen?

9 Welche Eigenschaftsänderungen bewirken P-Gehalte in Stählen? Welche allgemeine Forderung ergibt sich daraus für die Höhe des P-Gehaltes in Stählen?

10 a) In welcher Form liegt S im Stahl vor?
b) Welche Qualitätsminderung ergibt sich dadurch?

11 Obwohl Automatenstähle bis zu 0,25 % S enthalten sind sie schmiedbar (kein Rotbruch). Begründen Sie diese Tatsache.

12 Warum enthalten Automatenstähle kleine Schwefelanteile?

13 a) In welcher Form liegt Sauerstoff im Stahl vor?
b) Welche Qualitätsminderung ergibt sich daraus (Begründung)?

14 Was verstehen Sie unter Alterung eines Stahles?

15 Stickstoff verursacht die Alterung des Stahles. Wie verändern sich dadurch die wichtigsten mechanischen Eigenschaften?

16 a) Welche inneren Vorgänge führen zur Alterung des Stahles?
b) Wodurch kann die Alterung beschleunigt werden?

17 Kaltgeformte Bleche für Schweißkonstruktionen dürfen nicht zur Alterung neigen. Begründen Sie diese Forderung.

18 Welches Stahlgewinnungsverfahren wird heute überwiegend angewandt, um die Stickstoffgehalte niedrig zu halten?

19 a) In welcher Form ist Wasserstoff im Gefüge enthalten?
b) Welche mechanische Eigenschaft wird besonders stark durch H_2-Gehalte vermindert?
c) Wodurch läßt sich der H_2-Gehalt der Stähle senken?

20 Nennen Sie ein Beispiel aus der Fertigung zur Versprödung des Stahles durch Wasserstoff.

3 Roheisen- und Stahlerzeugung

3.4 Stahlerzeugung

Lernziel: Der Studierende soll die mittleren C-Gehalte von Roheisen und Stahl nennen und daraus die Aufgabe der Stahlerzeugungsverfahren folgern, sowie wesentliche Unterschiede der Verfahren beschreiben und die Auswirkung auf die Zusammensetzung der erschmolzenen Stähle angeben können.

1   Nennen Sie die ungefähren C-Gehalte von Roheisen und Stahl.

2   Welche Elemente sind als Stahlschädlinge im Roheisen enthalten?

3   Welche Auswirkungen haben größere Gehalte an P und S auf die Eigenschaften von Stahl?

4   Kreuzen Sie die ungefähren Schmelztemperaturbereiche der beiden Stoffe an.

Temperatur   1100–1200–1300–1400–1500–1600–1700 °C

Roheisen						
Stahl						

5   Geben Sie zusammenfassend an, welche drei Aufgaben von allen Stahlgewinnungsverfahren bewältigt werden müssen.

6   Das Entfernen der Eisenbegleiter aus dem Roheisen wird durch einen chemischen Vorgang bewirkt. Es gibt dafür zwei Namen:
a) einen traditionellen,   b) einen wissenschaftlichen. Wie heißen sie?
c) Welches Element ist für den Ablauf des Prozesses notwendig?

7   Sauerstoff wird bei den Stahlerschmelzungsverfahren auf drei verschiedene Weisen an das Roheisen herangebracht. Nennen Sie Verfahren und den dabei verwendeten Sauerstoffträger.

8   Ein Teil des Stahles wird aus Schrott erschmolzen. Dieser wird in zwei Gruppen eingeteilt.
a) Wie heißen diese Gruppen?
b) Welche wesentlichen Unterschiede bestehen im Fremdstoffgehalt?

9   Für die chemische Reaktion ist eine Badbewegung wichtig, damit Schlacke und Schmelze eine größere Berührungsfläche erhalten. Wie wird die Badbewegung hervorgerufen:
a) beim Thomas-Verfahren,
b) beim Siemens-Martin-Verfahren,
c) beim LD-Verfahren,
d) beim Kaldo-Verfahren?

10 Warum lassen sich Elemente wie z.B. Cu, Ni oder Sn nicht aus einer Stahlschmelze entfernen?

11 a) In welcher Form befindet sich P in einer Stahlcharge?
   b) Auf welche Weise kann er daraus entfernt werden?
   c) Wie geschieht der Entzug des Phosphors bei den einzelnen Stahlgewinnungs-
      verfahren (Tafel)?

	Thomas-	Verfahren Siemens-Martin-	LD-, LDAC-
Kalkzugabe als			
Beginn des P-Entzugs			
P-Gehalt der Stähle (größer, kleiner)			

12 Auf welche Weise wird bei den Verfahren die Temperaturerhöhung um ca. 300 °C
   bewirkt? Nennen Sie die Energiequelle beim:
   a) Thomas-,   b) Siemens-Martin-,   c) LD- und LDAC-,
   d) Elektro-Stahlverfahren.

13 Begründen Sie, warum bei den Sauerstoffaufblasverfahren wesentlich mehr
   Schrott zuchargiert werden kann als beim klassischen Thomas-Verfahren.

14 Nach welchem Verfahren werden hochlegierte Stähle erschmolzen (Begründung)?

3.6 Das Erstarren des Stahls

Lernziel: Der Studierende soll die Vorgänge des Erstarrens (Entstehen von Seigerungszonen,
Lunkern und Gasblasen) und Maßnahmen zur Beeinflussung mit Hilfe chemischer
Grundbegriffe erläutern können.

1 a) Was verstehen Sie unter Blockseigerung?
   b) Wie entsteht bei Stahlblöcken eine Seigerungszone?
   c) Welche Elemente sind vorwiegend in der Seigerungszone enthalten?

2 a) Was verstehen Sie unter einem Lunker?
   b) Was ist die physikalische Ursache für die Entstehung der Lunker?
   c) Es gibt zwei wichtige Maßnahmen zur Vermeidung von Lunkern (eine kon-
      struktive, eine gießtechnische). Wie heißen sie?

3 a) Worauf bezieht sich die Bezeichnung „unberuhigt vergossen"?
   b) Wie heißt die Reaktionsgleichung, welche die Entstehung von Gas beim Ver-
      gießen beschreibt?
   c) Welche Ursache hat die unter b) beschriebene Reaktion?

4 In Stahlschmelzen bildet sich ein Gleichgewicht zwischen FeO- und C-Gehalt aus. Welche Folgerung ergibt sich daraus für den FeO-Gehalt von:
a) C-armen Stählen, b) C-reichen Stählen?

5 a) Beim unberuhigten Vergießen steigen CO-Blasen auf. Sie führen zu drei Erscheinungen am fertigen Block. Wie heißen diese?
b) Welche ungünstige Eigenschaft besitzen unberuhigt vergossene Stähle?

6 Warum muß der innere Blasenkranz in manchen Fällen vermieden werden? Geben Sie zwei wichtige Fälle an.

7 a) Auf welche Weise kann die CO-Entwicklung vermieden werden (zwei Möglichkeiten)?
b) Nennen Sie Desoxydationsmittel und schreiben Sie die zugehörige Reaktionsgleichung dazu.

8 a) Beruhigt vergossene Stähle zeigen drei Erscheinungen am fertigen Block. Wie heißen diese?
b) Welche besondere Eigenschaft unterscheidet beruhigte Stähle von den unberuhigten?
c) Welche Stahlsorten müssen beruhigt vergossen werden?

9 Welche Veränderungen treten ein, wenn eine Stahlschmelze unter Vakuum gesetzt wird?

10 a) Die Vakuumverfahren lassen sich in zwei Gruppen einteilen. Wie heißen sie?
b) Welcher wesentliche Unterschied besteht zwischen ihnen?
c) Nennen Sie zu jeder Gruppe das Verfahren, nach dem überwiegend Vakuumstahl erzeugt wird.

11 Welche Unterschiede bestehen zwischen einem Stahl, der normal (offen) erschmolzen wurde, und einem unter Vakuum erschmolzenen:
a) im Gefüge, b) in den mechanischen Eigenschaften?

4 Wärmebehandlung des Stahls

Lernziel: Der Studierende soll das allgemeine Ziel der Wärmebehandlung und das der wichtigen Verfahren nennen, die inneren Vorgänge und Strukturänderungen, welche die gewünschten Eigenschaftsänderungen bewirken, beschreiben, den Verfahrensablauf sowie Werkstoffe und Bauteile, auf die sie angewendet werden, angeben können.

4.1 Allgemeines

1 Wozu werden Stähle wärmebehandelt?

2 Die Verfahren der Wärmebehandlung werden in drei Gruppen eingeteilt. Wie heißen diese?

3 Nennen Sie die drei Stufen der Wärmebehandlungsverfahren. Wie heißen diese?

4 Welche beiden physikalischen Vorgänge ermöglichen die Eigenschaftsänderung der Stähle im festen Zustand?

5 Warum werden die Umwandlungstemperaturen (Haltepunkte) bei der Wärmebehandlung mit allgemeinen Buchstaben bezeichnet und nicht mit Temperaturangaben in °C?

4.2 Glühen

Lernziel: Der Studierende soll von den Glühverfahren Namen und Eigenschaftsänderung nennen, innere Vorgänge beschreiben, Temperatur-Zeit-Verlauf der Verfahren schematisch skizzieren und Anwendungsbeispiele nennen können.

1 In welchen Zustandsfeldern des EKD liegen die Temperaturen der Glühverfahren für die Stähle?

2 Welche wichtigen Glühverfahren kennen Sie (sechs Namen)?

4.2.1 Normalglühen (Umkörnen)

1 Zu welchem Zweck werden Stähle normalgeglüht?

2 Bearbeiten Sie folgende Fragen und Aufgaben zum Normalglühen von (1) unterperlitischen, (2) überperlitischen Stählen:
a) Auf welche Temperatur wird erwärmt (Begründung)?
b) Wovon hängt die Haltezeit ab (Begründung)?
c) Wie muß die Abkühlung verlaufen (Begründungen)?
d) Skizzieren Sie schematisch den Temperatur-Zeit-Verlauf für das Normalglühen mit Angabe der Haltepunkte.

3 Nennen Sie Anwendungsbeispiele für das Normalglühen.

4 Beurteilen Sie die Verbesserung der mechanischen Eigenschaften eines Stahlgusses durch Normalglühen mit je einem Kreuz.

Eigenschaftsänderung	schwache	mittlere	starke
Festigkeit			
Bruchdehnung			
Kerbzähigkeit			

4.2.2 Grobkornglühen

1 Welche Eigenschaft soll durch das Grobkornglühen verbessert werden?

2 a) Auf welche Temperaturen wird erwärmt (Begründung)?
b) Welche Haltezeiten sind erforderlich (Begründung)?

3 Bei welchen Stählen wird das Grobkornglühen angewandt?

4.2.3 Weichglühen (Glühen auf kugeligen Zementit)

1 Welchen Zweck hat das Weichglühen?

2 Bearbeiten Sie folgende Fragen und Aufgaben zum Weichglühen von (1) unterperlitischen, (2) überperlitischen Stählen:
a) Auf welche Temperatur wird erwärmt (Begründung)?
b) Welche Haltezeiten sind üblich?
c) Skizzieren Sie schematisch den Temperatur-Zeit-Verlauf für das Weichglühen der beiden Stahltypen.

3 Ordnen Sie die Anwendungen A ... D für das Weichglühen den drei Stahlgruppen 1 ... 3 zu (Eintragung in die Felder).

Werkzeugstähle	1	
Stähle mit $> 0{,}5\,\%\,C$	2	
Alle Stähle	3	

A Beseitigung von Abschreckhärte
B Spanlose Fertigungsverfahren
C Zerspanende Fertigungsverfahren
D Vorbereitung zum Härten

4.2.4 Spannungsarmglühen

1 Beim Spannungsarmglühen werden innere Spannungen abgebaut.
a) Wodurch entstehen innere Spannungen?
b) Werden die Spannungen vollständig abgebaut (Begründung)?

c) Eine kaltgezogene Welle steht unter Zugspannungen in der Randzone. Es wird eine
Nute eingefräst. Welche Auswirkung hat die
Zerspanung auf die Form der Welle, Fall a)
oder b) (Begründung)?

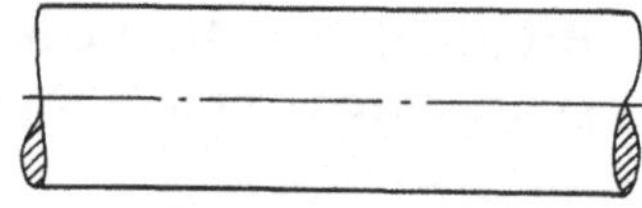

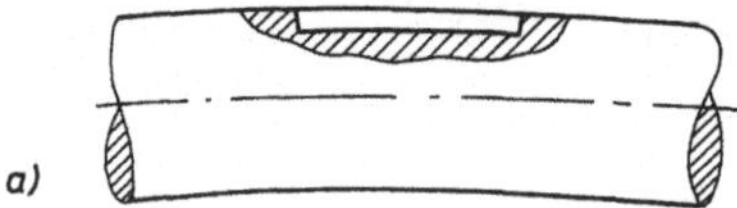
a)

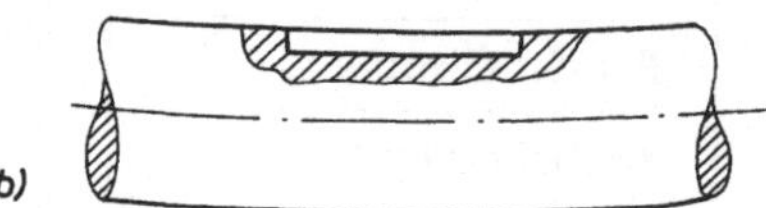
b)

2   Beantworten Sie folgende Fragen zum Spannungsarmglühen:
     a) Auf welche Temperaturen wird erwärmt (Begründung)?
     b) Welche Haltezeiten werden angewendet?
     c) Wie muß die Abkühlung verlaufen (Begründung)?

3   Nennen Sie Anwendungsbeispiele für das Spannungsarmglühen.

4.2.5 Diffusionsglühen

1   Welchen Zweck hat das Diffusionsglühen?

2   Beantworten Sie folgende Fragen zum Diffusionsglühen.
     a) Auf welche Temperaturen wird erwärmt (Begründung)?
     b) Welche Haltezeiten werden angewandt?
     c) Welche unerwünschten Gefügeveränderungen bringt das Diffusionsglühen mit
        sich?
     d) Welche Maßnahmen werden angewandt, um die Gefügeveränderungen unter c)
        zu beseitigen, bzw. zu verhindern?

3   Nennen Sie Anwendungsbeispiele für das Diffusionsglühen.

4.2.6 Rekristallisationsglühen

1   Welche Eigenschaft soll durch das Rekristallisationsglühen verbessert werden?

2   Rekristallisation findet in einem Gefüge nur statt, wenn zwei Voraussetzungen
     erfüllt sind. Welche sind es?

3   Bearbeiten Sie folgende Fragen und Aufgaben zum Rekristallisationsglühen.
     a) Auf welche Temperaturen wird erwärmt (Temperaturbereich und Einfluß-
        größen)?
     b) Wie heißt das Diagramm, das die Abhängigkeit der Einflußgrößen darstellt,
        welche Größen sind es?
     c) Welche unerwünschte Gefügeveränderung kann dabei auftreten, unter welchen
        Bedingungen findet sie statt?
     d) Skizzieren Sie schematisch die Gefügebilder eines kaltverformten und eines
        rekristallisierten Gefüges.

4   Nennen Sie Anwendungsbeispiele für das Rekristallisationsglühen.

4.3 Härten und Vergüten

Lernziel: Der Studierende soll die unterschiedlichen Ziele des Härtens und Vergütens nennen, den Austenitzerfall und seine Einflußgrößen, Martensitbildung und Anlaßvorgänge an unlegierten Stählen beschreiben, Temperatur-Zeit-Verläufe schematisch skizzieren und Beispiele für gehärtete und vergütete Teile angeben können.

1 Stellen Sie Härten und Vergüten in ihren wesentlichen Unterschieden gegenüber (Zweck, Stahlgruppe, Verfahren).

4.3.1 Innere Vorgänge

1 a) Welchen Einfluß hat eine steigende Abkühlungsgeschwindigkeit auf den Austenitzerfall (= Perlitbildung)?
b) Wie wirkt sich die behinderte Kohlenstoffdiffusion auf das Gefüge aus (Begründung)?
c) Geben Sie eine schematische Darstellung des Austenitzerfalls bei steigender Abkühlungsgeschwindigkeit mittels des Bildes (Gefügebilder und -bezeichnungen).

	Austenit zerfällt bei Abkühlung durch			
	Ofen	*Luft*	*Bleibad*	*Wasser*
Austenit *0,4 % C*				

2 Welche Art von Gefüge soll bei richtiger Härtung entstehen?

3 a) Welche Bedeutung hat die kritische Abkühlungsgeschwindigkeit v_k beim Härten?
b) Welches Gefüge bildet sich aus, wenn v_k nicht in allen Teilen des Werkstückes erreicht wird?

4 a) Vergleichen Sie die Elementarzelle des Martensits mit der des Ferrits.
b) Womit läßt sich die hohe Härte und Sprödigkeit des Martensits begründen?
c) Welcher Zusammenhang besteht zwischen Martensithärte und C-Gehalt?

5 Bei überkritischer Abkühlung verschwinden die Haltepunkte A_{r3} und A_{r1}. Wie verhält sich dann der Austenit?

6 Welche Größe hat Einfluß auf die Lage des M_s-Punktes, wie ist der Einfluß?

7 Erfolgt die Martensitbildung bei konstanter Temperatur, wie z.B. die Perlitbildung (Phasenregel anwenden)?

8 Für Stähle mit höheren C-Gehalten liegt der Endpunkt M_f unter Raumtemperatur. Welche Auswirkungen ergeben sich daraus für
a) die Gefügeausbildung, b) für die Gesamthärte?

9 Durch welche Maßnahme kann der Restaustenit der C-reichen Stähle beseitigt werden?

10 Was verstehen Sie unter Anlassen eines Stahles?

11 Warum müssen gehärtete Stähle angelassen werden?

12 Wie verändern sich mit steigender Anlaßtemperatur das Martensitgitter und die zwangsgelösten C-Atome?

13 Wie verändern sich die folgenden Eigenschaften beim Anlassen:
a) Festigkeit und Härte, b) Zähigkeit, c) Bruchdehnung?

14 Wie beeinflussen Legierungselemente das Anlaßverhalten eines Stahles (allgemein mit Begründung)?

4.3.2 Verfahren

1 In welche drei Teilschritte wird das gesamte Härteverfahren eingeteilt?

2 Auf welche Temperaturen müssen Stähle zum Härten erwärmt werden (Begründung):
a) unterperlitische, b) überperlitische?

3 Welche Gefügeumwandlung muß beim Abkühlen des Stahles verhindert werden?

4 a) Der Zerfall des Austenits in Perlit geht bei etwa 550 °C am schnellsten vor sich. Begründen Sie diese Erscheinung.
b) Skizzieren Sie schematisch den Verlauf der Zerfallsgeschwindigkeit Austenit-Perlit bei sinkender Temperatur.

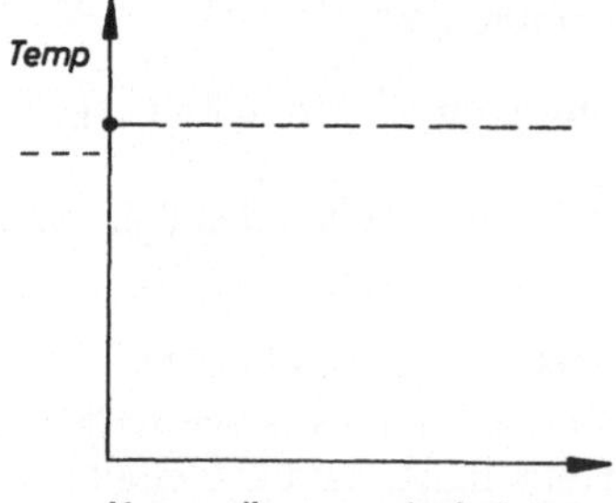

5 Welche Abkühlwirkung muß ein ideales Abkühlmittel haben (Frage 4b und Bild LB, 4.19)?

6 Durch welche metallurgische Maßnahme kann die Umwandlungsgeschwindigkeit Austenit-Perlit verändert werden?

7 a) Durch welche Maßnahmen kann die Abkühlwirkung eines Abkühlmittels verändert werden (1,2)?
b) Nennen Sie Abkühlmittel nach steigender Abkühlwirkung geordnet.

8 Alle flüssigen Abkühlmittel zeigen ähnliche Kennlinien der Abkühlwirkung. Es lassen sich drei Phasen mit unterschiedlichen Wärmeentzug erkennen, die ineinander übergehen. Nennen Sie die Vorgänge am Werkstück bei diesen Phasen. Bewerten Sie den Grad des Wärmeentzugs mit Begründung.

Phase	Vorgänge am Werkstück	Wärmeentzug hoch/gering	Begründung
1			
2			
3			

9 Zu welchem Zeitpunkt im Ablauf des Härteverfahrens erfolgt das Anlassen der abgekühlten Teile (Begründung)? Wie lange dauert es im allgemeinen?

10 Von welchen zwei Haupteinflußgrößen ist der Anlaßvorgang abhängig?

11 Warum müssen Warmarbeitsstähle (z.B. für Gesenke, Druckgußformen) 50... 100 °C über die höchsten auftretenden Arbeitstemperaturen des Werkzeuges angelassen werden?

12 Wie kann man die Anlaßtemperaturen einfacher Werkzeuge leicht abschätzen?

13 Wie soll ein Werkstück nach dem Anlassen abgekühlt werden?

4.3.3 Durchhärtung

1 Welche Einhärtungstiefe kann bei unlegierten Stählen erreicht werden (Begründung)?

2 Welche drei Maßnahmen vergrößern die Einhärtungstiefe bei Stählen (Aufzählung)?

3 Wasser mit Zusätzen (NaOH, Cyansalze) als Abkühlmittel ergibt eine größere Einhärtungstiefe. Begründen Sie diese Erscheinung.

4 Welche Nachteile hat das Abkühlmittel „Salzwasser"?

5 a) Welche Auswirkungen haben steigende Gehalte an Legierungselementen auf die Perlitbildung beim Abkühlen des Stahles? Nennen Sie drei Erscheinungen.
b) Welcher Zusammenhang läßt sich aus a) auf den Zusammenhang zwischen LE-Gehalt und Einhärtungstiefe folgern?

6 Stähle der gleichen genormten Sorte, die aus unterschiedlichen Lieferungen stammen, können unterschiedlich tief einhärten. Geben Sie zwei Gründe für diese Erscheinung an.

4.3.4 Härteverzug und Gegenmaßnahmen

1 a) Härtespannungen haben verschiedene Ursachen. Nennen Sie zwei Arten von Härtespannungen (Aufzählung).
b) Welche Ursachen haben Härtespannungen? Wie entstehen sie?
c) Welche Auswirkungen haben Härtespannungen auf das Werkstück? Welche Folgen ergeben sich daraus für den Fertigungsablauf?

2 Die wirtschaftliche Fertigung erfordert verzugsarmes Härten. Nennen Sie drei wichtige vorbeugende Maßnahmen.

3 Beim Stufenhärten wird, um einen Härteverzug vorzubeugen, die Perlitstufe schnell durchlaufen, danach langsamer abgekühlt. Welchen Einfluß hat diese Maßnahme auf die Entstehung der Wärme- und Umwandlungsspannungen?

4 Skizzieren Sie schematisch den Temperatur-Zeit-Verlauf folgender Abkühlungsarten:

(1) normales Härten
(2) gebrochenes Härten
(3) Stufenhärten

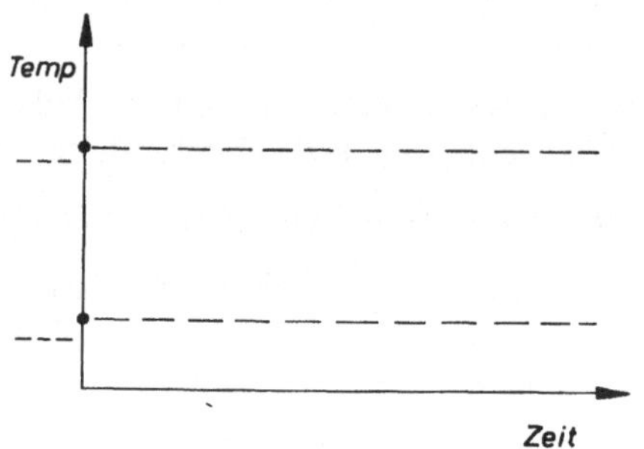

4.3.5 Vergüten

1 Welche beiden mechanischen Eigenschaften sollen bei Konstruktionsstählen durch Vergüten verbessert werden?

2 Warum liegen die C-Gehalte der Vergütungsstähle im allgemeinen zwischen 0,25 ... 0,6 % C?

3 Unterperlitische Stähle sind im vergüteten Zustand sowohl zäher als auch von höherer Festigkeit als im normalisierten. Begründen Sie diese Erscheinung mit der Gefügeausbildung.

4 Bis zu welchem Durchmesser findet bei unlegierten Stählen eine vollständige Vergütung statt?

5 Was versteht man unter Vergütungsstählen (Gehalte an C und LE)?

6 Wie wird das Vergüten durchgeführt (Arbeitsgänge)?

7 Nennen Sie Teile, z.B. aus dem Kfz.-Bau, die aus Vergütungsstählen bestehen.

8 Warum hat bei kompliziert gestalteten Teilen mit Kerben und schroffen Querschnittsübergängen ein zäher Stahl eine hohe Sprödbruchsicherheit?

9 Was versteht man unter Anlaßsprödigkeit? Wie läßt sie sich vermeiden?

4.4 Aushärtung

Lernziel: Der Studierende soll die inneren Vorgänge und Auswirkungen auf Gefüge und Eigenschaften beim Aushärten beschreiben, die Unterschiede zum Härten aufzeigen, sowie die Bedeutung und Anwendung bei Stählen mit Beispielen belegen können.

4.4.1 Innere Vorgänge

1 Wie läßt sich die Härtesteigerung erklären
   a) bei der Härtung (Abschreckhärtung),
   b) bei der Aushärtung (Ausscheidungshärtung)?

2 Wie muß die Löslichkeit zweier Metalle im festen Zustand beschaffen sein, damit diese ein aushärtbares Legierungssystem bilden?

3 Was ist die Ursache der Ausscheidungsvorgänge?

4 Die Ausscheidungsvorgänge laufen je nach Temperaturbereich auf drei verschiedene Weisen ab. Beschreiben Sie diese.

5 Welchen Einfluß hat die Teilchengröße der intermetallischen Verbindungen bei der Aushärtung eines Werkstoffes auf seine Festigkeit (Begründung)?

6 Welcher Unterschied besteht zwischen Kalt- und Warmaushärtung?

7 Manche Legierungen können wahlweise kalt oder warm ausgehärtet werden. Welche grundsätzlichen Unterschiede haben die mechanischen Eigenschaften eines solchen Werkstoffes?

4.4.2 Verfahren

1 Die Aushärtung eines Werkstoffes erfolgt durch eine dreistufige Wärmebehandlung. Beschreiben Sie die Stufen anhand der Übersicht.

Stufe (Name)	Innere Vorgänge (beabsichtigte Änderung)	Verfahren

4.4.3 Bedeutung und Anwendung der Aushärtung

1 Was versteht man unter der Alterung des Stahles, welche Folgen hat sie auf die mechanischen Eigenschaften?

2 Was versteht man unter der Reckalterung des Stahles, welche Folgen hat sie auf die mechanischen Eigenschaften des Stahles?

3 Was versteht man unter der künstlichen Alterung des Stahles, welche technische Bedeutung hat sie?

4 Welche wesentlichen Unterschiede bestehen im Gefüge und der Härteverteilung bei Aushärtung und Härtung/Vergütung?

Beantworten Sie die Fragen der Übersicht anhand des Schaubildes, das schematisch den Zeit-Temperatur-Verlauf für Härtung und Aushärtung zeigt.

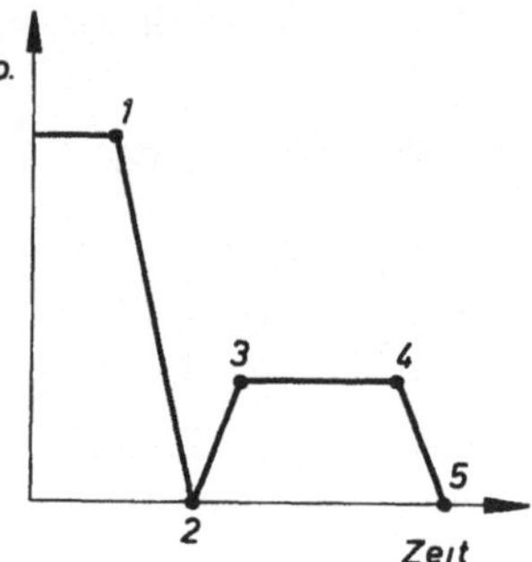

Frage		Härtung	Aushärtung
Welches Gefüge liegt vor?	bei 2		
	bei 5		
An welchem Punkt tritt höchste Härte auf?			
Wo ist der Werkstoff gerade noch gut verformbar?			
Wie ist die Härte über dem Querschnitt dicker Teile verteilt?			

4.5 Sonderverfahren zur Randschichthärtung

4.5.1 Allgemeines

1 Welche Eigenschaftskombination soll durch das Randschichthärten in einem Werkstück erzielt werden (Begründung)?

2 Nennen Sie Bauteile, die nach den Verfahren des Randschichthärtens behandelt werden?

3 Die Randschichthärte entsteht durch Martensitbildung oder durch Einbringen von Fremdatomen, die harte intermetallische Verbindungen bilden.
a) Wie wird das Volumen der Randschicht verändert?
b) Wie wird die Lebensdauer des Bauteils verändert (Begründung)?

4.5.2 Einsatzhärten

1 Was versteht man unter Einsatzhärten?

2 Welche Zusammensetzung haben Einsatzstähle (Gehalte an C und LE)?

3 Warum werden z.B. große Zahnräder im Nutzfahrzeugbau aus dem Stahl 17 CrNiMo 6 hergestellt und nicht aus 16 MnCr 5?

4 Welche physikalischen Vorgänge liegen allen Aufkohlungsverfahren zugrunde?

5 Welche Einflußgrößen bestimmen die Randhärte?

6 Welche Einflußgrößen bestimmen die Kohlungstiefe?

7 In nachstehender Übersicht sollen die Unterschiede zwischen den drei Kohlungsverfahren gegenübergestellt werden.

Merkmal	Aufkohlung durch		
	Pulver	Gas	Salzbad
C-Träger			
Wärmequelle			
Werkstückgröße			
Kohlungstiefe			
besondere Vorteile			
besondere Nachteile			

8 Welche drei Möglichkeiten gibt es beim Randschichthärten, stellenweise eine weiche Randschicht zu erhalten?

9 Warum dürfen hochbeanspruchte, stoßbelastete Teile nicht direkt aus der Aufkohlungshitze zum Härten abgekühlt werden?

10 Was versteht man unter Direkthärten von Einsatzstählen (Vorteile/Nachteile)?

11 Was versteht man unter dem Doppelhärten von Einsatzstählen (Vorteile/Nachteile)?

12 Was versteht man unter dem Einfachhärten?

13 Welche drei hauptsächlichen Fehler können bei der Einsatzhärtung auftreten?

4.5.3 Nitrieren

1 Worauf ist die Härteannahme der Randschicht beim Nitrieren zurückzuführen?

2 Unter welchen Verfahrensbedingungen entsteht allgemein bei allen Verfahren die harte Randschicht?

3 Welche inneren Vorgänge laufen beim Nitrieren ab?

4 Welche Eigenschaften hat die Randschicht nach dem Nitrieren (vier günstige, eine ungünstige)?

5 Nitrierschichten sind wesentlich dünner als Einsatzschichten. Welche Forderung ergibt sich daraus für

a) den Kernwerkstoff, b) für die Randschicht selbst?

6 Welche Werkstoffe lassen sich nitrieren, welche sind besonders dafür geeignet?

7 Nitrierstähle werden meist im vergüteten Zustand nitriert. Was folgern Sie daraus über die Nitriertemperatur?

8 Nitrieren kann nach drei Verfahren durchgeführt werden. Geben Sie Namen, Stickstofflieferant und wesentliche Anwendungen an.

9 Welchen wichtigen Vorteil haben die Verfahren des Nitrierens gegenüber den Verfahren mit Martensitbildung?

4.5.4 Randschichthärten durch partielles Erwärmen und Abschrecken

1 Welcher wesentliche Unterschied besteht zwischen den Verfahren des partiellen Härtens und dem Einsatzhärten in:

a) dem Ausgangswerkstoff,
b) dem Gefüge unmittelbar vor dem Abkühlen mit v_{krit},
c) dem Gefüge nach Ablauf des Verfahrens.

Nehmen Sie als Beispiel eine Welle von 30 mm $\emptyset$.

2 Welche physikalische Eigenschaft des Stahles wird bei den unter 4.5.4 beschriebenen Verfahren ausgenutzt?

3 a) Wovon hängt die Härte der Randschicht im wesentlichen ab, in welchen Grenzen liegt sie?
b) Wovon hängt die Dicke der gehärteten Randschicht (Einhärtungstiefe) ab?
c) Nach welchem Verfahren lassen sich auch kleine. Querschnitte randschicht-härten?

4 Welche Bezeichnungen haben unlegierte Stähle, die besonders für die Randschicht-härteverfahren geeignet sind?

5 Welche Vorteile besitzt das Induktionshärten gegenüber dem Flammhärten:

a) energetisch, b) für den Werkstoff, c) im Verfahren?

6 Welche Werkstoffgruppen werden für die Verfahren der partiellen Randschicht-härtung verwendet (Aufzählung)?

4.5.5 Weitere Verfahren zur Herstellung einer verschleißfesten Randschicht

1 Ordnen Sie die Verfahren aufgrund der chemisch-physikalischen Vorgänge in die nachstehenden Gruppen ein.

   a) Martensitbildung mit geringer Einhärtungstiefe.
   b) Diffusionsverfahren mit Bildung intermetallischer Verbindungen.
   c) Aufbringen von harten Überzügen (nach steigender Dicke geordnet).

2 Welche der Schichten erreicht die höchsten Härtewerte?

3 Welche Verfahren werden zur Reparatur verschlissener Maschinenteile verwendet? Nennen Sie zu jedem Verfahren ein Beispiel.

4 Welche Randschichten werden im Werkzeugbau angewandt (Aufzählung); welche Eigenschaft verbessert sich dadurch?

5 Eisen-Gußwerkstoffe

Lernziel: Der Studierende soll Erschmelzungsart, ggf. Wärmebehandlung, besondere Eigenschaften, Normung und Anwendungsgrenzen der genormten Gußwerkstoffe auf Fe-Ce-Basis nennen können.

5.1 Übersicht und Einteilung

Lernziel: Der Studierende soll die technologischen Eigenschaften eines typischen Gußwerkstoffes nennen und ihren Auswirkungen gegenüberstellen, sowie die genormten Gußwerkstoffe aufgrund ihrer Gefügemerkmale einteilen und ihre Eigenschaften daraufhin grob abschätzen können.

1   Gußwerkstoffe müssen eine Kombination von vier technologischen Eigenschaften besitzen. Stellen Sie diese den Auswirkungen auf Fertigungsverfahren und Gußteil gegenüber.

Eigenschaft	Auswirkung (technologisch, wirtschaftlich, qualitätsmäßig)

2   Durch Gießen lassen sich Werkstücke von fast beliebiger Gestalt herstellen. Welcher Vorteil ergibt sich daraus für die mechanischen Eigenschaften der gegossenen Werkstücke?

3   a) Die *Grob*einteilung der Gußwerkstoffe erfolgt nach Gefügemerkmalen in fünf große Gruppen. Nennen Sie die genormten Bezeichnungen, Kurzzeichen und das kennzeichnende Gefügemerkmal.

Gruppe	Kurzzeichen	Gefügemerkmal ....

b) Innerhalb jeder Gruppe wird eine *Fein*einteilung nach weiteren Gefügemerkmalen vorgenommen. Tragen Sie diese in die Kästchen ein und geben Sie die Änderung der Eigenschaften an.

Gefügemerkmal:

Härte und Festigkeit ⟶

Zähigkeit ⟶

5.2 Stahlguß

1   Nach welchem Verfahren wird der überwiegende Teil des Stahlgusses erzeugt?

2   Begründen Sie die Aussage, daß Stahlguß immer beruhigt vergossen wird.

3   Gußteile aus Stahlguß können nach dem Putzen nicht sofort zerspanend weiterbearbeitet werden. Welche Behandlung wird zwischengeschaltet? (Begründung)

4 Nennen Sie zwei herausragende Gießeigenschaften von Stahl als Gußwerkstoff und deren Auswirkungen auf Gießen und Formen.

5 Durch welche Eigenschaft unterscheiden sich die Sorten von „Stahlguß für allgemeine Verwendungszwecke DIN 1681"? Nennen Sie den von den genormten Sorten überdeckten Bereich.

6 Nennen Sie mindestens drei genormte Typen Stahlguß für besondere Verwendungszwecke.

7 Von den Gußwerkstoffen hat Stahlguß die ungünstigsten Gießeigenschaften. Nennen Sie die Bedingungen, unter denen ein Werkstück trotzdem aus Stahlguß gefertigt wird.

5.3 Allgemeines über Gefüge- und Graphitausbildung

Lernziel: Der Studierende soll den Einfluß der wichtigsten Legierungselemente und der Abkühlungsgeschwindigkeit auf das Grundgefüge und den Einfluß der Graphitform und -größe auf Festigkeit und plastische Verformbarkeit abschätzen können.

1 Vergleichen Sie Stahlguß und „Grauguß" in nebenstehenden Merkmalen.

	Erstarrungs-Form	C liegt vor als
Stahlguß		
Grauguß		

2 Begründen Sie, in welcher Erscheinungsform (Fe_3C oder Graphit) die Kristallbildung des Kohlenstoffs *schneller* erfolgt.

3 LE beeinflussen die Erstarrungsform der Fe-C-Legierungen. Nennen Sie mindestens die beiden wichtigsten LE mit gegensätzlichen Wirkungen.

Erstarrungs-Form	LE
stabil (Graphit)	
metastabil (Fe_3C)	

4 Durch welche beiden Maßnahmen läßt sich mit Sicherheit eine *stabile* Erstarrung eines Gußteiles erreichen?

5 Ordnen Sie die Felder des Diagramms den folgenden Gußwerkstoffen zu:

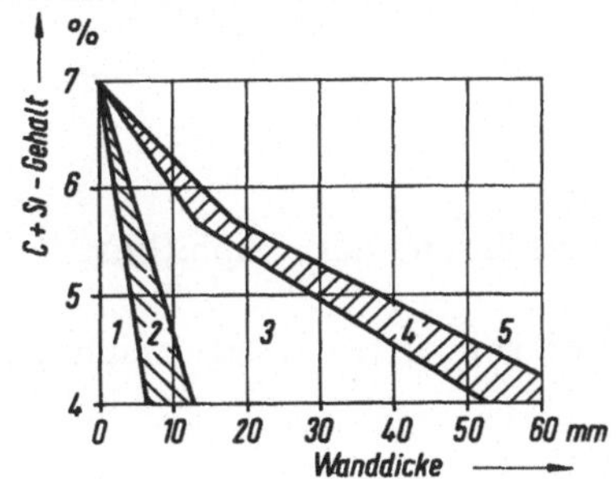

Nr.	Gußwerkstoff
	ferrit. Grauguß
	ledeburit. Hartguß
	Perlitguß
	meliertes Eisen
	ferrit.-perlit. Grauguß

6 Was verstehen Sie unter Wanddickenempfindlichkeit?

7 Wie beeinflussen Form und Größe der Graphitkristalle die Eigenschaften der Fe-C-Gußlegierungen?

Graphitausbildung	wird feiner
Zähigkeit	
Festigkeit	
plastische Verformbarkeit	

8 Warum weist Kugelgraphitguß von allen Fe-C-Legierungen die stahlähnlichsten Eigenschaften auf?

9 Sortengleiche Gußlegierungen mit gleicher Brinellhärte können sich in ihrer Zugfestigkeit stark unterscheiden. Begründen Sie diese Erscheinung.

5.4 Gußeisen mit Lamellengraphit (GG)

1 a) Wie lautet die normgerechte Bezeichnung für eine der Sorten „Gußeisen mit Lamellengraphit"? Welche Bedeutung hat die angegebene Zahl?
   b) Welchen Bereich überdecken die genormten Sorten?

2 Beurteilen Sie die Eigenschaften von GG (ankreuzen und begründen).

Eigenschaft	gut	schlecht	Begründung
Gießbarkeit			
Zerspanbarkeit			
Verformbarkeit			
Druckfestigkeit			
Dämpfung			
Korrosionsbeständigkeit			
Notlaufeigenschaft			

5.5 Gußeisen mit Kugelgraphit (GGG)

1 a) Auf welche Weise wird die kugelförmige Ausbildung der Graphitkristalle erreicht?
   b) Welche Bezeichnungen existieren außer der genormten „Kugelgraphitguß" noch?

2 a) Wie lautet die normgerechte Bezeichnung für eine der Sorten „Gußeisen mit Kugelgraphit"?
   b) Welchen Bereich überdecken die genormten Sorten?
   c) Durch welche Gefügemerkmale wird bei den Sorten die zunehmende Festigkeit erreicht?

3 Gußeisen mit Kugelgraphit unterscheidet sich von Gußeisen mit Lamellengraphit in drei mechanischen Eigenschaften besonders stark. Nennen Sie Eigenschaften und Unterschiede.

4 Beim Vergleich der mechanischen und technologischen Eigenschaften aller Gußwerkstoffe des Eisens ergibt sich für Gußeisen mit Kugelgraphit ein Anwendungsbereich. Beschreiben Sie ihn.

5.6 Temperguß (GTS und GTW)

1 a) Welches Gefüge liegt beim Temperrohguß vor?
   b) Durch welche metallurgische Maßnahme wird es erreicht?
   c) Warum sind bei Temperguß die Wanddicke und Werkstückmasse nach oben begrenzt?

2 a) Welches Gefüge liegt beim entkohlend geglühten Temperguß vor?
   b) Durch welche technologische Maßnahme wird es erreicht?

3 a) Welches Gefüge liegt beim nicht entkohlend geglühten Temperguß vor?
   b) Durch welche technologische Maßnahme wird es erreicht?

4 a) Wie lautet die normgerechte Bezeichnung für die Sorten Temperguß?
   b) Welchen Bereich überdecken die genormten Sorten?
   c) Für welche besondere Anwendung ist die Sorte GTW-S 38 genormt?

5 Auf welche Weise wird die Ausbildung des Grundgefüges gesteuert; welche Grundgefüge haben die Tempergußsorten?

6 In welchem Produktionszweig des Maschinenbaues wird der größte Teil der Tempergußerzeugnisse verbraucht? Nennen Sie Beispiele für solche Teile aus Temperguß.

6 Legierte Stähle

Lernziel: Der Studierende soll den Einfluß der wichtigsten Stahlveredler auf die Linien des EKD und auf das Gefüge beschreiben und mit Hilfe der metallkundlichen Grundlagen ihre Auswirkung auf Warmfestigkeit, Schweißbarkeit und Härtbarkeit mit Schaubildern beschreiben können.

6.1 Allgemeines

1 Nennen Sie Beanspruchungsfälle, für die unlegierte Stähle nicht mehr geeignet sind, so daß legierte Stähle eingesetzt werden müssen.

2 Welche mechanischen und technologischen Eigenschaften werden durch LE beeinflußt (Beschränkung auf die Erfordernisse des Maschinenbaus, Aufzählung)?

6.2 Einfluß der Legierungselemente auf das Gefüge und das EKD

1 Fast alle LE können sich in kleinen Prozentsätzen im Ferrit lösen. Welchen Einfluß hat dies

a) auf den Ferrit und seine Festigkeit, b) auf die Stahlecke des EKD?

2 a) Welche LE haben eine starke Affinität zum Kohlenstoff? Nennen Sie vier.
b) Welche Folgen hat die Affinität, wie heißen die entstehenden Stoffe?
c) Welche Gitterstruktur haben die Stoffe, welche Eigenschaftskombination läßt sich daraus folgern?

3 In welcher Gruppe von Stählen sind die Carbide von großer Bedeutung (Begründung)?

4 Welche Forderung ergibt sich aus der Affinität der carbidbildenden Elemente zum Kohlenstoff für den Gehalt an LE?

5 LE können das Austenitgebiet im EKD verändern.
a) Welche LE erweitern das Austenitgebiet?
b) Skizzieren Sie schematisch den Einfluß dieser LE auf die Lage des Punktes A_{r3} des reinen Eisens (Teil eines Zustandsschaubildes Fe-LE).
c) Welche Folgen haben größere Gehalte dieser LE auf das Gefüge der Stähle? Nennen Sie maximal fünf wesentliche Eigenschaftsunterschiede zu unlegierten Stählen.
d) Stähle mit austenitischem Gefüge bei Raumtemperatur lassen sich außer durch hohe Anteile an bestimmten LE auch noch auf eine andere Art erzeugen. Beschreiben Sie diese Maßnahme.
e) Austenitische Stähle (Manganhartstahl, V2A-Stahl u.a.) zeigen eine starke Kaltverfestigung. Begründen Sie diese Erscheinung.

6 a) Welche LE verkleinern das Austenitgebiet?

b) Skizzieren Sie schematisch den linken Teil vom Zustandsschaubild Fe-LE.

c) Welche Folgen haben größere Gehalte dieser LE auf das Gefüge der Stähle? Nennen Sie vier wesentliche Eigenschaftsunterschiede zu unlegierten Stählen.

d) Wenn zu Fe-Cr noch C legiert wird, entstehen je nach C-Gehalt unterschiedliche Gefüge. Tragen Sie die Gefüge ein und geben Sie Eigenschaften und Verwendung durch Ankreuzen an (wie in Zeile 1).

Gefüge	C %	Cr %	korr.-best. ja	korr.-best. nein	härtbar ja	härtbar nein	Werkzeug-	Baustahl
ferritisch	$< 0,1$	hoch	X			X		X
	≈ 2	hoch						
	$0,2-1$	hoch						
	$< 0,5$	niedr.						
	$< 1,5$	niedr.						

7 Nichteisenmetalle

7.1 Allgemeines

Lernziel: Der Studierende soll die besonderen Eigenschaften der NE-Metalle und Legierungen gegenüber Stahl aufzählen, typische Vertreter dazu nennen und Regeln für die systematische Benennung formulieren, sowie den grundsätzlichen Unterschied zwischen Knet- und Gußlegierungen erläutern können.

1 a) Welche vier der genannten Metalle kommen in der Erdrinde am häufigsten vor?
   Zn, Mg, Ti, Al, Fe, Cu, Pb

   b) Ordnen Sie die vier Metalle nach abnehmender Häufigkeit.

2 Nennen Sie mindestens vier herausragende Eigenschaften der NE-Metalle (gegenüber unlegiertem Stahl) und je einen typischen Vertreter dazu.

Beispiel:

Eigenschaft	Metall oder Legierung
Absorption von Strahlen	Blei

7.2 Bezeichnung von NE-Metallen und Legierungen

1 Wie werden reine NE-Metalle mit Kurzzeichen benannt? Geben Sie dazu Beispiele an.

2 Wie werden Legierungen der NE-Metalle mit Kurzzeichen benannt? Geben Sie dazu Beispiele an.

3 Welche Bedeutung hat das nachgestellte „F" mit einer Zahl hinter dem Kurzzeichen eines NE-Metalles?

4 NE-Metalle werden je nach der Art der Weiterverarbeitung zum Werkstück in zwei Gruppen eingeteilt. Nennen Sie die Namen dieser Werkstoffgruppen mit je zwei typischen Eigenschaften (auch Gefügemerkmalen).

5 a) Woran lassen sich die verschiedenen Gießarten im Kurzzeichen erkennen?
   b) Welchen Einfluß haben die Gießarten auf den Abkühlungsverlauf und damit auf das Gefüge und dessen Festigkeit und Dehnung?

7.3 Aluminium

7.3.1 Vorkommen und Gewinnung

Lernziel: Der Studierende soll die Verfahrensschritte vom Erz zum Metall unter bezug auf chemisch-physikalische Grundlagen der Werkstoffkunde in der zeitlichen Reihenfolge nennen können.

1   Wie wird Reinaluminium aus seinen Rohstoffen erzeugt? Nennen Sie:

a) den Rohstoff und seine wesentlichen Bestandteile,

b) das Aufbereitungsverfahren (Name) und seine fünf grundsätzlichen technologischen Vorgänge (mit Erläuterung).

c) Wie heißt das Endprodukt des Aufbereitungsverfahrens (Name, Formel)?

d) Wie heißt das Reduktionsverfahren? Nennen Sie seine Merkmale (Name, Anlage, Kathode, Anode, Elektrolyt).

2   Reines Aluminiumoxid hat einen Schmelzpunkt von über 2000 °C. Wodurch ist es möglich, seine Reduktion bei etwa 950 °C durchzuführen?

3   Die Bildungswärme des Aluminiumoxids beträgt $16{,}7 \cdot 10^5$ J/mol. Welche Energie in kWh ist erforderlich, um 1 kg Aluminium aus Al_2O_3 zu erzeugen (theoretischer Wert, ohne Verluste)?

7.3.2 Eigenschaften und Anwendung von Reinaluminium

Lernziel: Der Studierende soll aus den chemisch-physikalischen Daten (PSE, Spannungsreihe, Gitterart, Schmelztemperatur) auf Eigenschaften und Anwendungen schließen können.

1   a) Welche Auswirkung hat das kubisch-flächenzentrierte Gitter auf die mechanischen Eigenschaften des Al?

b) Welche Eigenschaft läßt sich qualitativ aus der Stellung des Al im Periodensystem folgern?

2   a) Wie müßte die Korrosionsbeständigkeit des Al beurteilt werden, wenn seine Stellung in der Spannungsreihe weit links (zwischen Mg und Mn) zugrundegelegt wird?

b) Worauf beruht die praktisch gute Korrosionsbeständigkeit des Rein-Al?

c) Wie kann die Korrosionsbeständigkeit verstärkt werden (Verfahren, prinzipielle Arbeitsweise)?

d) Welche Stoffe greifen Al an (Begründung)?

3   Welche Anwendungen des Reinaluminiums ergeben sich aufgrund seiner guten Korrosionsbeständigkeit und:

a) der Kaltformbarkeit,   b) der elektrischen Leitfähigkeit,

c) der Polierbarkeit,   d) geringen Dichte?

4   Welche Anwendungen hat das Aluminium aufgrund der hohen Bildungswärme seines Oxids gefunden?

7.3.3 Aluminium-Legierungen — Wirkung der Legierungselemente

Lernziel: Der Studierende soll die Wirkung der Legierungselemente (LE) auf Gefüge und Eigenschaften qualitativ erläutern, die Grobeinteilung der Legierungstypen nennen und die Aushärtung (auch Abs. 4.4) beschreiben können.

1 Ziel des Legierens ist es, Eigenschaften des Reinaluminiums zu verändern.
 a) Welche zwei Eigenschaften sollen verbessert werden?
 b) Welche sollen möglichst erhalten bleiben?
 c) Nennen Sie drei von fünf wichtigen LE.

2 a) Wie wirken sich *kleine* Anteile an LE im Aluminium auf das Gefüge aus?
 b) Wie ändern sich dabei Festigkeit und plastische Verformbarkeit?

3 a) Wie wirken sich *größere* Anteile an LE im Aluminium auf das Gefüge aus?
 b) Wie ändern sich dabei Festigkeit und plastische Verformbarkeit?

4 a) Welche Wirkung haben die LE auf die Korrosionsbeständigkeit unter Berücksichtigung der elektrochemischen Spannungsreihe der Elemente?
 b) Welche Folgeerscheinung ergibt sich bei Verwendung von Legierungen, die teilweise aus Al-Schrott hergestellt wurden?

7.3.4 Übersicht über die Legierungstypen

1 Knetlegierungen DIN 1725 Bl. 1 lassen sich in drei Gruppen gliedern, innerhalb derer bestimmte Legierungstypen zusammengefaßt sind. Tragen Sie diese in die Tafel ein.

Beispiel:

Gruppe	LE, bzw. -Kombination
1 Glänzlegierungen	Mg (Cr-arm)
2	
3	

2 Welche der aushärtbaren Typen ist:
 a) *sehr gut* korrosionsbeständig,   b) *wenig* korrosionsbeständig,
 c) von höchster Festigkeit,   d) selbstaushärtend?

3 Gußlegierungen DIN 1725 Bl. 2 sind nach Verwendungszweck und Eigenschaften in drei Gruppen eingeteilt. Nennen Sie diese.

4 Welche Sorten der Gußlegierungen (LB, Tafel 7.4) haben:
 a) beste Gießbarkeit,
 b) keine Seewasserbeständigkeit,
 c) Seewasserbeständigkeit,
 d) beste anodische Oxydierbarkeit?
 e) höchste Korrosionsbeständigkeit und gute Gieß- und Schweißbarkeit,
 f) hohe Festigkeit und Seewasserbeständigkeit,
 g) hohe Festigkeit und beste Polierbarkeit?

7.3.5 Aushärtung der Aluminium-Legierungen

Lernziel: Der Studierende soll die Arbeitsgänge mit Hilfe der inneren Vorgänge und deren Auswirkung auf Gefüge und Eigenschaften der aushärtbaren Al-Legierungen beschreiben können.

1 a) Welche drei Arbeitsgänge gehören zur Wärmebehandlung „Aushärten"? Beschreiben Sie die inneren Vorgänge, die dabei ablaufen.

   b) Wie können die inneren Vorgänge beim letzten Arbeitsgang verzögert oder sogar verhindert werden?

2 Muß für das Warmauslagern einer Al-Legierung eine bestimmte Temperatur und Zeit eingehalten werden, oder sind diese oberhalb einer bestimmten Temperaturschwelle beliebig (Begründung)?

3 Was bedeutet Selbstaushärtung, welche Folgen hat sie:

   a) bei Knetlegierungen,   b) bei Gußlegierungen?

8 Pulvermetallurgie, Sintermetalle

Lernziel: Der Studierende soll die Zuordnung zu den Fertigungsverfahren und Hauptarbeitsgänge angeben, Vorgänge mit Hilfe metallphysikalischer Grundlagen erläutern, Einflußgrößen auf Dichte, Festigkeit und Schwindung beschreiben und Werkstoffgruppen, die pulvermetallurgisch verarbeitet werden, mit einem Beispiel nennen
können.

1 Zu welchem Bereich der Fertigungsverfahren gehört die Pulvermetallurgie?
Welche beiden Verfahren gehören noch dazu?

2 Nennen Sie die fünf Hauptarbeitsgänge des pulvermetallurgischen Fertigungsver-
fahrens (Aufzählung).

3 a) Die angewandten Preßdrücke betragen 4 ... 6 kbar. Welche Kraft wäre erforderlich, um ein Teil mit einer Preßfläche von 4 cm² bei 6 kbar zu pressen?
b) Welche Einflußgrößen wirken auf die erreichbare Preßdichte ein (Aufzählung)?
c) Worauf ist die Festigkeit des Preßlings zurückzuführen?
d) Wodurch wird die Größe von Preßteilen nach oben begrenzt?

4 a) Was verstehen Sie unter Sintern?
b) Welche beiden metallphysikalischen Vorgänge laufen beim Sintern ab?
c) Welche Temperaturen werden für Fe-Werkstoffe angewandt?
d) Wird der Werkstoff beim Sintern geschmolzen?
e) Welchen Einfluß hat der Sintervorgang auf Dichte und Maße des Preßlings?

5 Welcher Arbeitsgang schließt sich in den meisten Fällen an das Sintern an
(Begründung)?

6 Sinterwerkstoffe lassen sich in zwei Gruppen einteilen.
a) Die erste Gruppe umfaßt solche Werkstoffe, die aus schmelzmetallurgischen
Gründen überhaupt nicht oder mit ungünstigen Eigenschaften hergestellt werden können. Nennen Sie die drei Unterteilungen, ihre metallurgische Besonder-
heit und Beispiele.
b) Die zweite Gruppe umfaßt Pulvermischungen für Formteile. Nennen Sie die
drei Typen.
c) Welcher Zusammenhang besteht bei Sinterteilen zwischen Zugfestigkeit,
Bruchdehnung und Sinterdichte?
d) Nach welchem Gesichtspunkt erfolgt eine Normung der Sinterwerkstoffe in
Klassen?

9 Korrosion und Korrosionsschutz

Lernziel: Der Studierende soll die chemisch-physikalischen Ursachen der Korrosion erläutern und die wichtigsten Auswirkungen auf Werkstoff und Eigenschaften nennen, sowie Maßnahmen des aktiven und passiven Korrosionsschutzes aufzählen können.

1 Wie lautet die Definition der Korrosion nach DIN 50 900?

2 Die Reaktion eines metallischen Werkstoffes kann auf drei verschiedene Arten erfolgen. Nennen Sie diese mit je einem Beispiel.

3 Welche Auswirkungen hat der Werkstoffverlust durch die Korrosion auf das Bauteil

a) bei statischer,   b) bei dynamischer Belastung?

4 Erläutern Sie die Korrosionsgrößen „lineare Korrosionsgeschwindigkeit" und „Beständigkeit" anhand ihrer Einheiten.

5 Welcher wesentliche Unterschied besteht zwischen der chemischen und der elektrochemischen Reaktion?

6 Aus welchen wesentlichen Teilen besteht ein galvanisches Element?

7 Auf welche Weise können Sie feststellen, welches von zwei Metallen das unedlere ist?

8 Welcher wesentliche Unterschied besteht zwischen den galvanischen Elementen der E-Technik (Taschenlampenbatterie) und den Korrosionselementen?

9 In den folgenden Fällen tritt bei Zutritt eines Elektrolyten Korrosion auf. Nennen Sie die Art der entstehenden Korrosionselemente (drei Möglichkeiten) und geben Sie an, welche Teile anodisch abgetragen werden.
a) Stahlschraube in Kupferguß,
b) punktgeschweißte Stahlbleche,
c) partiell kaltverformtes Metall,
d) Stahlpfosten eines Bootssteges im Wasser,
e) Stahlblech mit stellenweise poröser Oxidschicht.

10 Die Abtragung des Werkstoffes durch die Korrosion tritt in fünf verschiedenen äußeren Formen auf. Nennen Sie diese.

11 Bei gleichzeitigem Auftreten von Korrosion und mechanischer Belastung können Korrosionsarten ohne meßbaren Werkstoffverlust zu plötzlichen Brüchen führen. Wie heißen sie, wo treten sie auf?

12 Korrosionsschutz läßt sich aktiv auf drei Wegen erreichen. Nennen Sie diese mit je einem Beispiel.

13 Was verstehen Sie unter passivem Korrosionsschutz?

14 Die vielen Schutzschichten werden in Gruppen mit gleicher chemisch-physikalischer Entstehung zusammengefaßt. Nennen Sie weitere fünf Schichtarten mit je einem Beispiel.

Schichtart	Beispiel
Fett-, Öl-, Wachsschichten	Politur aus Hartwachs auf Autokarosserie

15 Beurteilen Sie das Verhalten der beiden Werkstoffe anhand der Spannungsreihe der Metalle.

Metall	Anode	Kathode	Abtragung bei
Zn			
Fe			
Sn			
Fe			

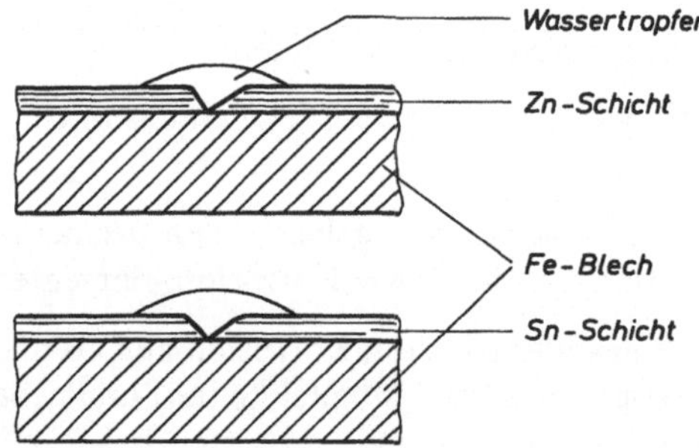

10 Kunststoffe

10.1 Allgemeines

Lernziel: Der Studierende soll die wesentlichen Strukturunterschiede Metall-Kunststoff kennen und damit die herausragenden Eigenschaftsunterschiede folgern bzw. begründen können.

1 Metalle bestehen aus *Kristallen,* deren Raumgitter aus Metallionen und „Elektronengas" in meist *dichter* Packung mit *starker Metall*bindung zusammenhalten. Als Fremdstoffe sind sehr kleine Anteile von Schlacken enthalten. Woraus bestehen im Vergleich dazu die Kunststoffe?

2 a) Nennen Sie mindestens vier Elemente, aus denen die Kunststoffe bestehen.
   b) Ordnen Sie die folgenden Elemente und Werkstoffe in die Dichtebereiche ein.

Dichte ρ in kg/dm³	$< 1{,}7$	$1{,}7 \ldots 5$	$5 \ldots 10$	< 10

   Al, Fe, Cu, Zn, Pb, Mg, Ti, Holz, Kunststoffe
   c) Begründen Sie die Einordnung der Kunststoffe.

3 Die folgenden Fragen sollen jeweils mit Hinweisen auf die Strukturunterschiede Metall-Kunststoff beantwortet werden.
   a) Warum sind Kunststoffe im allgemeinen chemisch beständig?
   b) Welche elektrische Leitfähigkeit haben Kunststoffe?
   c) Sind Kunststoffe entflammbar und brennbar?
   d) Vergleichen Sie die Biegesteifigkeit (E-Modul) von Metall und Kunststoff.

4 Die Moleküle von chemischen Verbindungen (z.B. Methan CH_4) haben gleiche Zusammensetzung und konstante Größe. Wie steht es damit bei den Kunststoffen?

10.2 Die Entstehung der Makromoleküle

Lernziel: Der Studierende soll die besonderen Eigenschaften der C-Atome als Grundlage der Bildung von Makromolekülen erläutern, für die drei Reaktionsarten eine knappe Beschreibung geben und an einem typischen Polymer erläutern, sowie die Entstehungsbedingungen für Faden- und Raumnetzmoleküle nennen und die Auswirkung auf die Verformbarkeit erläutern können.

1 Das Verhalten der C-Atome bei der Bindung mit H-Atomen in den Kohlenwasserstoffen ist Grundlage der Kunststoffchemie. Welche zwei besonderen Eigenschaften der C-Atome sind dies?

2 a) Kunststoffe werden nach ihrer Entstehungsreaktion in drei große Gruppen eingeteilt. Nennen Sie Namen der Reaktion und je ein Polymer mit Namen und Kurzzeichen nach DIN 7728.

b) Nach allen drei Reaktionen können jeweils zwei Arten von räumlich unterschiedlich gebauten Makromolekülen entstehen, die dem Polymer gegensätzliche mechanisch-technologische Eigenschaften geben. Vervollständigen Sie die Aufstellung.

	Molekülstruktur	Kunststofftyp	mechanisch-technolog. Eigensch.
1			
2			

3 Beantworten Sie folgende Fragen zur Polykondensation.

a) Worauf bezieht sich der Name „Kondensation"?

b) Wie erfolgt die Bildung der Makromoleküle aus dem Monomeren am Beispiel des Polyformaldehyds PF (mit Formeln)?

c) Unter welchen Bedingungen entstehen lineare Fadenmoleküle?

d) Unter welchen Bedingungen entstehen Raumnetzmoleküle?

e) Geben Sie eine Kurzbeschreibung der Polykondensationsreaktion.

f) Nennen Sie mindestens drei Kondensationskunststoffe mit Namen, Kurzzeichen und einigen Handelsnamen.

4 Beantworten Sie folgende Fragen zur Polymerisation.

a) Wie erfolgt die Bildung der Makromoleküle aus dem Monomeren am Beispiel des Polyäthylen PE?

b) Was bedeutet „Polymerisationsgrad"?

c) Welche Gestalt der Makromoleküle wird angestrebt (Begründung)?

d) Was bedeutet „Copolymerisation"?

e) Geben Sie eine Kurzbeschreibung der Polymerisationsreaktion.

f) Nennen Sie mindestens drei Polymerisationskunststoffe mit Namen, Kurzzeichen und einigen Handelsnamen.

5 Beantworten Sie folgende Fragen zur Polyaddition.

a) Erläutern Sie die Reaktion durch Eintragen der Valenzstriche zwischen den Atomen der reaktionsfähigen Gruppen (O zwei-, N drei-, C vierbindig).

	Monomere	Polymer
Cyanat	R — N C O	R — N C O
Alkohol	H O — R	H O — R

b) Welche Voraussetzung müssen die monomeren Stoffe erfüllen, damit (1) Fadenmoleküle, (2) Raumnetzmoleküle entstehen?

c) Geben Sie eine Kurzbeschreibung der Polyadditionsreaktion.

d) Nennen Sie mindestens zwei Polyadditionskunststoffe mit Namen, Kurzzeichen und einigen Handelsnamen.

10.3 Molekülstruktur und Einfluß auf die Eigenschaften

Lernziel: Der Studierende soll die unterschiedlichen Kräfte im Polymer kennen und den Einfluß von Kettenlänge, Gestalt und innerer Ordnung auf die Eigenschaften des Kunststoffes qualitativ beschreiben können.

1 Welche Auswirkung hat die tetraedrische Anordnung der vier bindenden Orbitale des C-Atoms auf

a) die Gestalt der Kettenmoleküle,
b) das mechanische Verhalten beim Strecken eines Kettenmoleküls?

2 Im Polymer treten zwei verschieden starke Bindungskräfte auf. Nennen Sie diese mit Angabe der Stärke, der Partner, zwischen denen sie wirken, und der evtl. Einflußgrößen.

3 Mit steigender Länge der Molekülketten ändert sich die Zugfestigkeit des Polymers. In welcher Weise geschieht das (Begründung)?

4 a) Ordnen Sie die folgenden Begriffe einander zu.

1 Fadenmoleküle	a hart, spröde	A Elastomer	1		
2 Fadenmoleküle	b gummi-elastisch	B Plastomer	2		
schwach vernetzt	c plastisch formbar	C Duromer			
3 Raumnetzmoleküle			3		

b) Worauf beruht die plastische Verformbarkeit der Thermoplaste bei höheren Temperaturen?
c) Wie wirken sich überhöhte Temperaturen auf alle Makromoleküle aus?
d) Worauf beruht die Unschmelzbarkeit der Duroplaste?

5 a) Auf welche Weise lassen sich stärkere Sekundärbindungen zwischen den Fadenmolekülen erreichen (Name und zwei Bedingungen)?
b) Welche Molekülform ist zur Kristallisation am besten geeignet? Nennen Sie zwei Beispiele mit Namen und Kurzzeichen.
c) Welche Molekülform ist nicht zur Kristallisation geeignet? Nennen Sie zwei Beispiele mit Namen und Kurzzeichen.
d) Welcher Unterschied besteht in der Kristallisation zwischen Metall und Kunststoff?
e) Welche Auswirkungen hat eine zunehmende Kristallisation des Polymers auf seine mechanische und technologische Eigenschaften?
f) Auf welche Weise können auch *amorphe* Polymere erhöhte Zugfestigkeiten erhalten, bei welchen Produkten wird dies angewandt?

10.4 Einfluß von Zusätzen

1 Nach welchem Gesichtspunkt werden Zusätze zu Kunststoffen eingeteilt?

2 Zu den nachstehend genannten Wirkungen sollen jeweils ein Zusatzstoff und die beabsichtigte Verhaltens- oder Eigenschaftsänderung genannt werden.

a) chemische,   b) verarbeitungsfördernde,   c) treibende,

d) streckende,   e) verstärkende Wirkung.

10.5 Duroplaste

Lernziel: Der Studierende soll Lieferformen der duroplastischen Kunststoffe kennen, Hauptarbeitsgänge und Daten zur Herstellung von Formteilen beschreiben, und aus den herausragenden Eigenschaftsunterschieden auf Anwendungen schließen können.

1   a) Woraus bestehen Formmassen (allgemein)?

b) Nennen Sie mindestens drei Harztypen, die als Grundlage für Formmassen eingesetzt werden.

c) Welche Zusätze werden in den Formmassen verwendet, wenn:

(1) gute elektrische,   (3) hohe Zähigkeitseigenschaften,

(2) erhöhte thermische,   (4) niedriger Preis verlangt werden?

2   a) Geben Sie die Hauptarbeitsgänge für die Herstellung von Formteilen aus Formmassen z.B. PF mit den Hauptdaten (Mittelwerte) an.

b) Welche drei Arten von Schichtpreßstoffen gibt es?

c) Welcher Duroplast wird für Dekorationszwecke im Innenausbau und für Möbel verwendet? Nennen Sie die geforderten Eigenschaften und den Duroplast mit Kurzzeichen und evtl. Handelsnamen.

3   a) Welche besonderen Vorteile haben Polyesterharze gegenüber den Phenol- und Harnstoffharzen?

b) Welche Auswirkung haben die unter a) angeführten Vorteile auf die Gestalt der herstellbaren Formteile?

4   a) Welcher verstärkende Zusatzstoff wird für UP und EP am meisten verwendet? Geben Sie die drei Formen und deren Auswirkung auf die Festigkeitseigenschaften an.

b) Welcher wesentliche Eigenschaftsunterschied besteht zwischen UP und EP mit Glasfaserverstärkung?

10.6 Thermoplaste (Plastomere)

Lernziel: Der Studierende soll den Einfluß von Temperatur und Zeit auf E-Modul und Festigkeit der Thermoplaste qualitativ mit Hilfe der Molekülstruktur beschreiben sowie die Veränderungen durch Kristallisation und Verstärkung aufzeigen können.

1   Die Kennlinie zeigt schematisch das grundsätzliche Temperaturverhalten eines Thermoplastes.

a) Welche Größe ist auf der Ordinate aufgetragen?

b) Welche beiden Temperaturen grenzen die drei Bereiche I, II, III ab?

c) In jedem der drei Bereiche zeigt das Polymer äußerlich ein bestimmtes mechanisches Verhalten, das auf ein Verhalten der Kettenmoleküle zurückzuführen ist. Geben Sie das Verhalten für die drei Bereiche an.

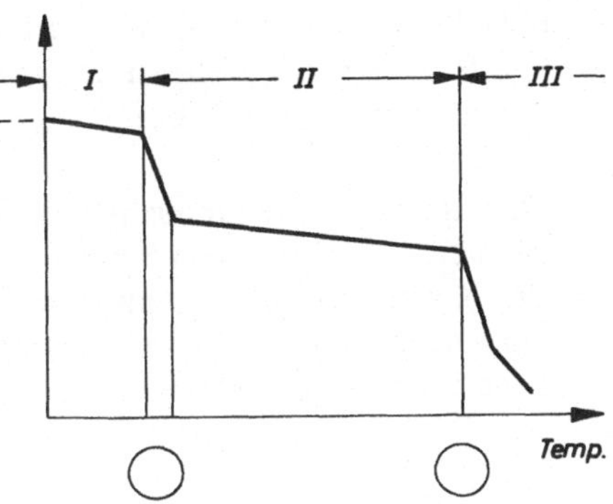

Bereich	mechanischer Zustand	innerer Zustand
I		
II		
III		

d) In welchem Zustand (Frage c) wird ein Thermoplast

(1) verarbeitet, (2) als Bauteil eingesetzt?

e) Welche Auswirkung hat eine Teilkristallisation des Polymers auf *Form* und *Lage* der Kurve?

2 Im Kurzzeitversuch zeigen die Thermoplaste die drei skizzierten typischen Kennlinien.

a) Geben Sie zu jedem Typ von Kennlinie das mechanische Verhalten und je einen Thermoplast mit Namen und Kurzzeichen als Beispiel.

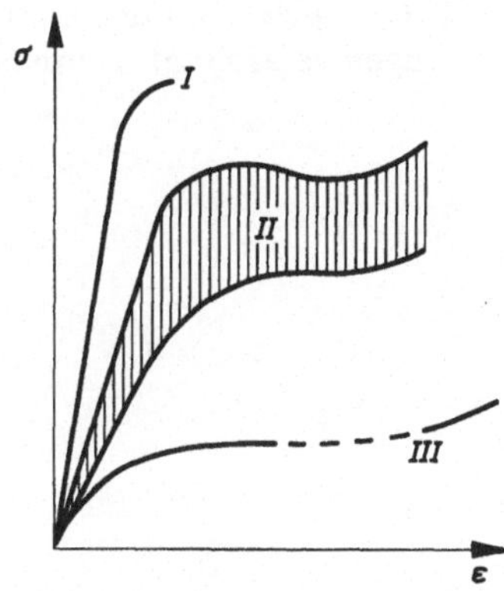

Kennlinie	mechanische Eigenschaft	Beispiel
I		
II		
III		

b) Welchen Typ von Kennlinie haben Thermoplaste, die für Maschinenteile wie z.B. Zahnräder, isolierende Schrauben, Kupplungsteile, Bohrmaschinengehäuse u.a. verwendet werden?

3 Die skizzierte Kennlinie ist im Kurzzeitversuch ermittelt (etwa 5 min). Wie würde die Kurve aussehen, wenn die Belastung langsamer aufgebracht und der Bruch erst nach Stunden erfolgen würde?

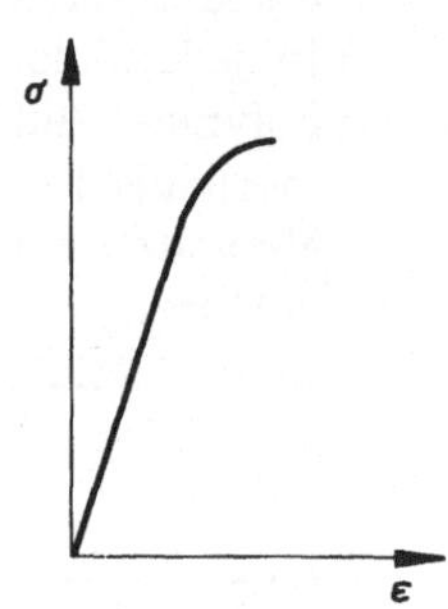

4 a) Welche Erscheinung tritt bei langzeitiger Belastung von Thermoplasten auch bei Raumtemperatur auf, mit welchen Versuchen wird das Verhalten getestet?
b) Was bedeutet *Kriech*modul?

5 a) Nennen Sie Anwendungsfälle, bei dem der niedrige E-Modul der thermoplastischen Kunststoffe ausgenutzt wird.
b) Wenn ein Konstruktionsteil statt aus Metall in Kunststoff gefertigt wird, macht sich der niedrige E-Modul durch eine geringe Steifigkeit des Bauteils bemerkbar. Welche vier Möglichkeiten gibt es, um die Steifigkeit zu verbessern?

6 Welche Auswirkung haben Glasfaserverstärkungen auf:
a) mechanische,   b) thermische Eigenschaften,   c) Verarbeitungseigenschaften?

7 Thermoplaste werden überwiegend nach zwei Verfahren zu Formteilen und Halbzeugen verarbeitet. Nennen Sie Verfahren und Formteile als Beispiele.

11 Werkstoffprüfung

11.1 Aufgaben der Werkstoffprüfung

11.2 Prüfung von Werkstoffkennwerten

1 Werkstoffprüfverfahren lassen sich je nach ihrem Untersuchungsziel in vier Gruppen einteilen. Nennen Sie die drei weiteren mit je einem Beispiel.

	Prüfung von/auf	Beispiel
1	Verarbeitungseigenschaften	Faltversuch, Tiefziehversuch
2		
3		
4		

2 Welcher wichtige Gesichtspunkt ist bei der Entnahme und Herstellung einer Probe zu beachten?

3 Was sind die kennzeichnenden Merkmale von

a) statischen,   b) dynamischen Prüfverfahren?

4 Nennen Sie je ein Beispiel für ein

a) statisches,   b) dynamisches Prüfverfahren.

11.3 Messung der Härte

Lernziel: Der Studierende soll die drei wichtigen Härteprüfverfahren beschreiben (Name, Eindringkörper, Prüfkräfte, Härtewert), sowie Anwendungsgebiete und -grenzen aus den Verfahrensmerkmalen folgern können.

1 a) Wie wird die Härte metallischer Werkstoffe definiert?
   b) Nennen Sie zwei wichtige Gründe für die häufige Anwendung der Härteprüfungen bei der Fertigung von Werkstücken.
   c) Bei den drei wichtigen Härteprüfverfahren wird ein *Eindruck* in der Randschicht erzeugt und *vermessen*. Welche Forderung ergibt sich daraus für die Beschaffenheit der Oberfläche?

2 Beschreiben Sie Eindringkörper und Meßwert und machen Sie qualitative Angaben über Prüfkräfte und Ermittlung der Härtewerte für:

a) Brinell-,   b) Vickers-,   c) Rockwellverfahren.

3 Lesen Sie mit Hilfe von Tafel 11.1 und Bild 11.3 (Lehrbuch) Belastungsgrad C, Kugeldurchmesser D und Prüfkraft F ab für:

a) Lagermetall, 3 mm dick, Härte etwa 20 HB,

b) AlMgMn-Blech, 1,5 mm dick, Härte etwa 70 HB,

c) Zinkdruckguß GD-ZnAl 4, 1,5 mm dick, Härte etwa 90 HB.

d) Nach welchem Gesichtspunkt wird der Kugeldurchmesser festgelegt?

4 Eine Härtemessung bei Stahl ergibt mit $D = 5$ mm einen Eindruckdurchmesser $d = 1,8$ mm. Bestimmen Sie Prüfkraft und Härtewert (Kurzangabe nach Norm).

5 a) Für welchen Bereich der Härtemessung (Werkstoff, Abmessung) ist das Brinellverfahren nicht geeignet (Begründungen)?

b) Für welche Art von Werkstoffen ist das Brinellverfahren das einzige, welches reproduzierbare Werte liefert?

c) Welche wichtige Anwendung hat das Brinellverfahren *neben* der Messung der Härte?

6 a) Ein Werkstoff hat eine Härte 850 HV 30. Welche Größe hat der Meßwert des Eindrucks?

b) Neben der „normalen" Vickersprüfung gibt es zwei wichtige Abarten. Geben Sie deren Namen, Kräfte und Anwendungen an.

c) Welche Vorteile besitzt das Vickers-Härteprüfverfahren gegenüber den beiden anderen (Brinell- und Rockwell-Verfahren)?

7 a) Das Rockwell-Verfahren läuft in drei Schritten ab. Beschreiben Sie diese unter Angabe der Kräfte, sowie dem Verhalten von Eindringkörper und Meßgerät.

b) Für welchen Bereich der Härtemessung (Werkstoff, Abmessung) ist das Verfahren nicht geeignet (Begründung)?

c) Ein nach dem HRC-Verfahren geprüftes Werkstück zeigt am Meßgerät einen Meßwert $t_b = 0,09$ mm an. Wie groß ist die Rockwellhärte (Angabe nach Norm)?

d) Welche Vorteile besitzt das Rockwell-Prüfverfahren gegenüber den beiden anderen (Brinell- und Vickers-Verfahren)?

8 Geben Sie für nachstehende Anwendungsfälle das am besten geeignete Härteprüfverfahren an (HB, HV, HRC, HRA):

a) Zylinderkopf aus GG-25,

b) Schnittplatte aus gehärtetem Stahl,

c) Zahnrad aus 41 Cr 4 vergütet,

d) einsatzgehärtete Randschicht 1 mm dick,

e) nitriergehärtete Randschicht 0,1 mm dick,

f) einzelne Gefügebestandteile z. B. harte Tragkristalle eines Lagermetalles,

g) Lagermetalle,

h) Armatur aus G-CuZn 33 Pb (G-Ms 65),

i) große Anreißplatte auf Sützen, bearbeitet.

9   Welches Verfahren:

   a) liefert Härtewerte, die von der Prüfkraft unabhängig sind,

   b) läßt sich aufgrund des Meßgerätes automatisieren,

   c) wird zur zerstörungsfreien Kontrolle der Zugfestigkeit eingesetzt?

11.4 Prüfung der Festigkeit bei statischer Belastung

11.4.1 Allgemeines Bruchverhalten

Lernziel: Der Studierende soll das Verhalten der Werkstoffe bei Trennungs- und Verformungsbruch und ihre Einflußgrößen erläutern können.

1   Welche Merkmale des Bruchvorganges lassen auf:

   a) einen Trennungsbruch,   b) einen Verformungsbruch schließen?

2   Welche Auswirkungen haben die vorgegebenen Bedingungen a ... f auf das Bruchverhalten einer Probe? Geben Sie bei Neigung zum Trennungsbruch ein T, zum Verformungsbruch ein V.

a	
b	
c	
d	
e	
f	

   a) Gefüge feinkörnig,

   b) Gefüge grobkörnig,

   c) Gefüge heterogen mit spröder Phase,

   d) steigende Verformungsgeschwindigkeit,

   e) fallende Temperatur,

   f) steigende Schärfe von Kerben, Absätzen.

   g) Begründen Sie die unter e) gegebene Antwort mit Hilfe der Grundlagen der Metallkunde.

3   Welche Beziehung besteht zwischen den Begriffen: Festigkeit eines Werkstoffes und Spannung im Bauteil (Probe)?

11.4.2 Der Zugversuch

Lernziel: Der Studierende soll ein schematisiertes Spannungs-Dehnungs-Schaubild skizzieren und daran die Phasen des Zugversuchs, die wichtigen Werkstoffkennwerte und ihre Berechnung sowie die inneren Vorgänge in der Probe erläutern können und die Unterschiede der Diagramme von Werkstoffen (weich und zäh, hart und spröde) sowie wärmebehandelten Stählen (normalisiert, vergütet, gehärtet) kennen und zuordnen können.

1   Welche Werkstoffkennwerte werden durch den Zugversuch ermittelt bzw. nachgeprüft (Name, Formelzeichen neu und alt)?

2   Was verstehen Sie unter Proportionalstäben?

3 a) Welche beiden physikalischen Größen sind im Maschinendiagramm verknüpft?

b) Auf welche Weise wird aus dem probenabhängigen Maschinendiagramm das probenunabhängige, den *Werkstoff kennzeichnende* Diagramm und wie heißt es?

4 a) Vervollständigen Sie das skizzierte schematische Werkstoff-Diagramm eines weichen Stahles (St 37) durch Eintragen der markanten Werkstoffkennwerte und der Achsbezeichnungen (Name und Formelzeichen) 1 ... 9.

Für die Phasen des Versuches sind anzugeben: besondere Bezeichnung, evtl. Namen markanter Punkte, sowie die inneren Vorgänge in der Probe. Im einzelnen für die Abschnitte:

b) AB,
c) BC,
d) CD,
e) DE,
f) EF.

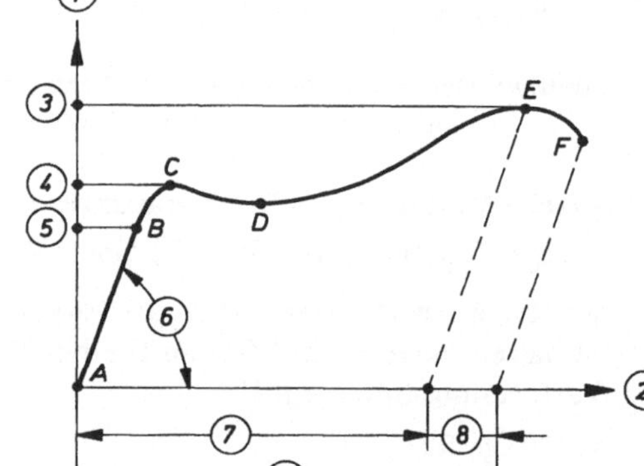

5 Für welche Art von Werkstoffen muß die 0,2-Dehngrenze ermittelt werden, welche Bedeutung hat sie?

6 Bei einem Zugversuch mit einem kurzen Proportionalstab von 8 mm Durchmesser werden gemessen: Länge nach dem Bruch 48 mm, kleinster Querschnitt nach dem Bruch 35 mm², Kraft an der Streckgrenze 22 kN, größte Kraft 30 kN. Wie groß sind Zugfestigkeit, Streckgrenze, Bruchdehnung und Brucheinschnürung?

7 Ein vergüteter Stahl mit einer 0,2-Dehngrenze von 1000 N/mm² soll nachgeprüft werden. Es steht als Zugprobe ein langer Proportionalstab von 6 mm Durchmesser zur Verfügung.

a) Welche Kraft muß mit der Prüfmaschine aufgebracht werden?

b) Welche bleibende Längenänderung muß sich ergeben?

8 Skizzieren Sie schematisch in jeweils ein Achsenkreuz die σ, ε-Diagramme von:

a) einer Al-Legierung und einem Stahl unter der Annahme, daß sie gleiche Festigkeiten und Bruchdehnung besitzen (beachten Sie die unterschiedlichen *E*-Module),

b) ein weiches Metall mit hoher plastischer Verformbarkeit (z.B. Cu) und ein hartes Metall mit sprödem Verhalten (z.B. GG).

9 Ordnen Sie den drei σ, ε-Diagrammen die Gefügezustände gehärtet, vergütet und normalisiert zu, und geben Sie eine kurze Begründung.

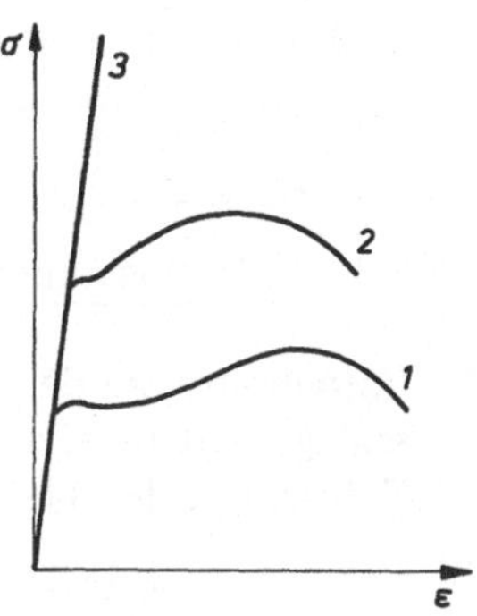

11.6 Prüfung der Zähigkeit

Lernziel: Der Studierende soll Zähigkeit metallischer Werkstoffe definieren und ihre Einflußgrößen qualitativ erläutern sowie das Prüfverfahren und seine Anwendungen beschreiben können.

1 a) Mit welcher physikalischen Größe wird Zähigkeit in Verbindung gebracht?
b) Was verstehen Sie unter der Eigenschaft „zäh"?

2 Welche drei Einflußgrößen wirken sich auf das Bruchverhalten und damit auf seine Zähigkeit aus (Aufzählung mit Beispielen nach fallender Zähigkeit geordnet)?

3 Nennen Sie je ein Konstruktionsteil, in dem
a) einachsiger,   b) zweiachsiger,   c) dreiachsiger
Spannungszustand auftritt.

4 Ein unlegierter Stahl *kann* beim Vergleich von Zugversuch und Kerbschlagbiegeversuch ein unterschiedliches Bruchverhalten zeigen. Geben Sie dafür eine Begründung, und nennen Sie die Auswirkungen auf die jeweils ermittelten Werkstoffkennwerte.

5 a) Welche Auswirkung hat die schlagartige Belastung auf den Bruchvorgang beim Kerbschlagbiegeversuch?
b) Welche zwei Auswirkungen hat die Kerbe in der Probe auf den Bruchvorgang beim Kerbschlagbiegeversuch?
c) Welche wichtige Forderung ergibt sich aus a) und b), wenn man Zähigkeitswerte *eines* Werkstoffes miteinander vergleichen will?

6 Wie wird beim Kerbschlagbiegeversuch die Schlagarbeit gemessen?

7 a) Beschreiben Sie den Verlauf der Linien im Kerbschlagarbeit(-zähigkeit)-Temperatur-Diagramm für (1) kubisch-*flächen*zentrierte, (2) kubisch-*raum*zentrierte Metalle.
b) Wie wird die Lage des Steilabfalls gekennzeichnet?
c) Ist die Lage des Steilabfalls für einen bestimmten Werkstoff eine konstante Größe oder gibt es Einflußgrößen, die sie verschieben können?

d) Ordnen Sie die Begriffe einander zu.

Mischbruch	1		a Tieflage
Verformungsbruch	2		b Steilabfall
Trennungsbruch	3		c Hochlage

8 Entnehmen Sie der Tafel LB 3.6 (Stähle nach DIN 17100) die Werte der Kerbschlagarbeit für die Stähle St 42-2 und St 42-3. Warum hat der Stahl der höheren Gütegruppe den kleineren Wert?

9 Geben Sie mit Hilfe des Bildes LB 4.14 an, wodurch der Stahl C 45 einen Höchstwert an Zähigkeit erhalten kann.

10 Die Zähigkeit kann auch am Aussehen der Bruchfläche beurteilt werden. Welche Art von Bruch liegt vor bei:

a) ebener Bruchfläche mit glatten Rändern,
b) zerklüfteter Bruchfläche mit gestauchten Rändern?

1 Grundlagen

1.2 Eigenschaften der festen Werkstoffe

1

Eigenschaftsgruppe	Beispiele
Chemische	Beständigkeit gegen Wasser, Industrieluft, Lösungsmittel, Salzlösungen, heiße Abgase
Mechanische	Härte, Festigkeiten, Zähigkeit, Dehnbarkeit
Thermische	Schmelztemperatur, Wärmedehnung, Wärmeleitung, Änderung mechanischer Eigenschaften in Kälte und Wärme
Technologische	Verhalten beim Gießen, Warm- und Kaltumformen, Zerspanen, Schweißen, Löten

2 Atomart, Bindungsart, Raumgitter, Gefüge.

3 Raumgitter und Gefüge.

4 a) durch Legieren mit anderen Stoffen,
b) durch Abschreckhärten

5 das Gefüge

6 a) Härte steigt, Verschleiß sinkt,
b) Festigkeit steigt, Plastizität in der Form sinkt,
c) Wärmeleitung steigt,
d) Dichte und Festigkeit sinken,
e) Härte steigt, Zähigkeit sinkt.

1.3 Grundlagen der Metallkunde

1.3.1 Einteilung der Metalle und Häufigkeit

1 a) chemische Beständigkeit bei normalen Klimabedingungen,
b) Festigkeit, Zähigkeit,
c) abbauwürdige Vorkommen in Erzen, leichte Aufbereitung und Reduktion.

2 edle Metalle (Gold Au, Silber Ag, Platin Pt) und unedle (Aluminium Al, Zink Zn, Eisen Fe).
(LB, Tafel 1.2)

3 Leichtmetalle (Magnesium Mg, Aluminium Al) und Schwermetalle (Kupfer Cu, Eisen Fe, Zink Zn)
(LB, Tafel 1.2)

4 niedrigschmelzende (Zinn Sn, Blei Pb) hochschmelzende (Kupfer Cu, Eisen Fe) und höchstschmelzende (Wolfram W, Molybdän Mo).
(LB, Tafel 1.2)

5 Aluminium und Eisen.
(LB, Bild 1.4)

1.3.2 Metalleigenschaften und Metallbindung

1   Metallatome haben 1 ... 4 Valenzelektronen, die in chemischen Bindungen abgegeben werden können. Nichtmetallatome haben i.a. 5 ... 8 Elektronen in der äußeren Schale, sie nehmen in chemischen Bindungen mit Metallen Elektronen auf.

2   Anstreben des Energieminimums durch Bildung einer mit acht Elektronen gesättigten Außenschale (Edelgaskonfiguration).

3   Neutrale Atome werden zu positiv geladenen Ionen.

4   Freie Beweglichkeit zwischen den Ionen (Elektronengas).

5   Abstoßende Kräfte: positive Metallionen und negative Elektronen stoßen sich jeweils untereinander ab.

    Anziehende Kräfte: positive Ionen und negative Elektronenwolken ziehen sich an.

6   Durch die Wechselwirkung der allseitig in den Raum gehenden gegensätzlichen Kräfte halten die Ionen gleichmäßige Abstände ein.

7   Eine regelmäßige räumliche Anordnung der Metallionen

8   a) Sie sind gleich: Kräftegleichgewicht.
    b) Stärkere Schwingbewegung der Teilchen: Abstand l_0 wird größer.

9   Kräfte werden kleiner (LB, Bild 1.10). Bei der Warmumformung (Walzen, Schmieden, Strangpressen) können große Querschnitte umgeformt werden.

10   Hohe Beweglichkeit der freien Elektronen im Metallgitter

11   Leitfähigkeit sinkt (Widerstand steigt); durch die größere Schwingbewegung der Teilchen wird die Beweglichkeit der Elektronen verringert. Beim Schmelzen steigt der Widerstand sprungartig an.   (LB, Bild 1.10)

12   Salzkristalle haben gebundene Elektronen. Beim Verschieben der „Kugelschichten" stehen sich gleichgeladene Ionen gegenüber: Abstoßung, Bruch.

    Metallkristalle haben freie Elektronen. Beim Verschieben der Kugelschichten bleibt die Anziehung Elektronenwolke-Ionen bestehen: plastische Formänderung möglich.

13   Körnige Bruchfläche: die einzelnen Kristalle brechen mit ebenen Flächen, welche das Licht reflektieren.

1.3.3 Die Raumgittertypen der Metalle

1   Raumgitter ist die bestimmte, regelmäßige Anordnung der Teilchen (Metallionen) im Raum.

2   Hexagonales (hex.), kubisch-flächenzentriertes (kfz.), kubisch-raumzentriertes (krz.) und tetragonales (tetr.) Raumgitter.

3   Verformbarkeit, Festigkeit und Härte.

4   a) Eine Kugel ist von sechs anderen umgeben und liegt in der Mulde, die von drei Kugeln gebildet wird,
    b) 12,
    c) 1–3–5–7 usw.,

d)

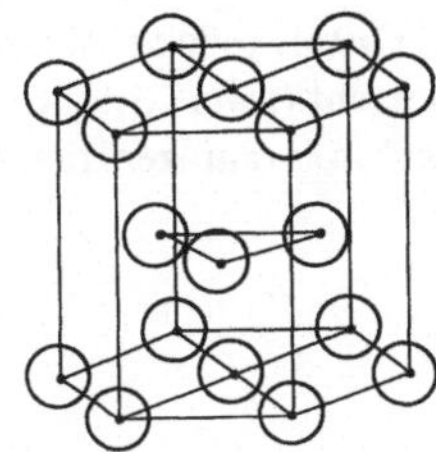

e) Magnesium Mg, Zink Zn   (LB, Tafel 1.2)

5   Koordinationszahl KZ ist die Anzahl der Nachbarn eines Teilchens (hier Ion), welche zu ihm einen gleichen, kleinsten Abstand haben.

6   Elementarzelle ist die kleinstmögliche Darstellung der räumlichen Anordnung der Teilchen in einem Raumgitter.

7   Abstände der Kugelschichten in den drei Achsrichtungen. Beim kubischen System sind eine, beim hexagonalen und tetragonalen zwei Gitterkonstanten zur Beschreibung der Elementarzelle erforderlich.

8   a) Bei beiden Raumgittern liegt die dichteste Kugelpackung vor.
b) Beim kubisch-flächenzentrierten Raumgitter liegen die erste und vierte Schicht übereinander, beim hexagonalen die erste und dritte.
c)

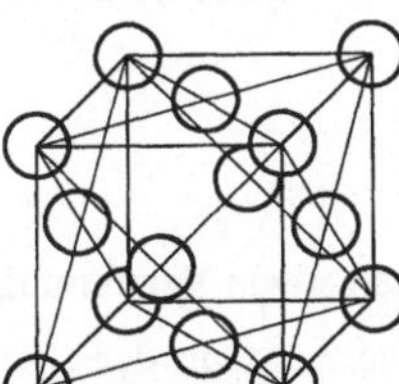

γ-Eisen, Austenit

d) Kupfer Cu, γ-Eisen Fe, Aluminium Al, Blei Pb   (LB, Tafel 1.2)

9   a) Beim kubisch-raumzentrierten Raumgitter liegen die erste, dritte, fünfte usw. Schicht übereinander, eine Kugel liegt in der Mulde, die von vier Kugeln gebildet wird.
b) 8
c) Das krz. Raumgitter ist weniger dicht gepackt als das hex. und kfz. Raumgitter.
d)

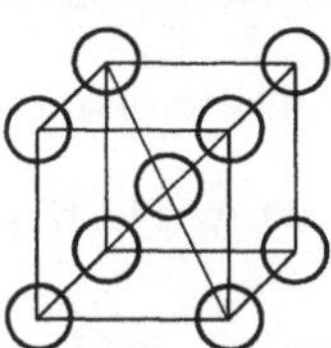

α-Eisen, Ferrit

10 a) Das tetragonale Raumgitter entspricht im Aufbau dem krz. Gitter, jedoch ist der Abstand der Schichten nicht gleich dem Abstand der Atome in einer Schicht (zwei Gitterkonstanten).

b) Das tetr. Raumgitter ist noch weniger dicht gepackt als das kubisch-raumzentrierte.

c)

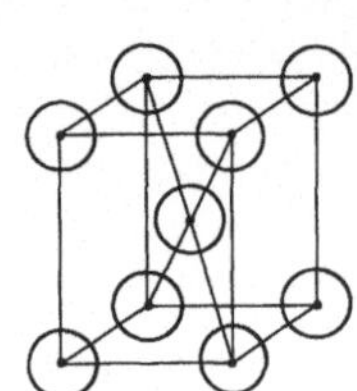

11 (1) kfz. und hex. (2) krz. (3) tetr. Raumgitter

12 unbesetzte Gitterplätze, Versetzungen, Fremdatome

13 Metalle erstarren je nach Form- und Gießverfahren mehr oder weniger schnell. Dadurch kann kein ideales Raumgitter entstehen.

14 Jede technische Schmelze enthält Verunreinigungen. Die schnelle Erstarrung führt dazu, daß auch Fremdatome in einem Kristallverband eingeschlossen werden.

15 a) Die Festigkeit wird herabgesetzt. Durch Platzwechsel können Ionen im festen Zustand wandern (Diffusion). Die plastische Verformung wird erleichtert.

b) Versetzungen sind innere Fehlstellen, bei denen die Kugeln nicht die dichteste Packung aufweisen. Hier ist die Bindung kleiner, so daß die Verformung erleichtert wird.

1.3.4 Die Entstehung des Gefüges

1 Größe, Form und Anordnung der Kristalle mit ihren Korngrenzen sowie Verunreinigungen

2 durch das Schliffbild. Schleifen und Polieren einer Probe, sowie Anätzen der Oberfläche zur Erzeugung von Kontrasten   (LB, 11.8)

3 Primärgefüge entstehen beim Gießen, Sekundärgefüge durch nachfolgende Warmumformung, Wärmebehandlung oder Kaltumformung.

4 a) Abkühlung auf Temperaturen unterhalb des Erstarrungspunktes,

b) Vorhandensein von Kristallkeimen

5 arteigene und artfremde Keime

6 a) zufällig in der Anordnung einer Elementarzelle zusammenkommende Atome oder noch geschmolzene submikroskopische Kristallreste in der Schmelze,

b) natürliche Verunreinigungen, die in jeder technischen Schmelze enthalten sind:
Al_2O_3-Teilchen im desoxydierten Stahl,
Zusätze in die Gießpfanne: MgNi-Legierung für kugelige Graphiterstarrung im Kugelgraphitguß, Na-Zusätze zu AlSi-Gußlegierungen.

7 a) Schnelle Abkühlung fördert das Entstehen der arteigenen Keime, z.B. bei Kokillen- und Druckguß.

b) Zusatz von Fremdkeimen (Impfstoffen).

1.3.5 Die Ausnutzung der Kristallisationswärme zur thermischen Analyse

1 Temperatur in aufeinanderfolgenden Zeitpunkten

2 Erwärmungs- und Abkühlungskurven

3 Haltepunkt bei Erwärmung A_c: Schmelzpunkt
Haltepunkt bei Abkühlung A_r: Erstarrungspunkt

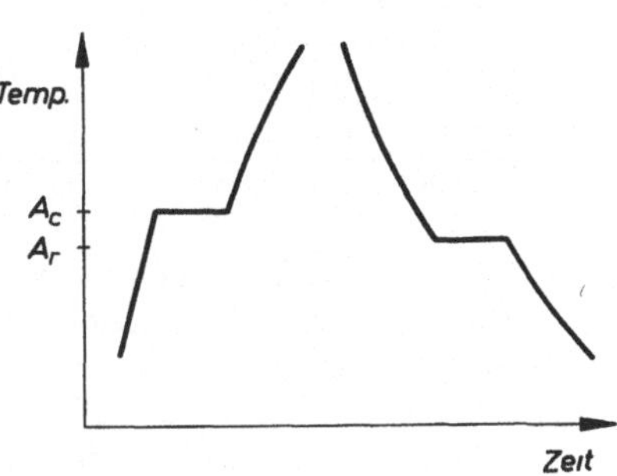

4 A_c: Es muß die Schmelzwärme zugeführt werden, ehe die Temperatur weiter steigt.
A_r: Die entstehende Kristallisationswärme verzögert die normale Abkühlung.

5 Die Temperaturänderung muß unendlich langsam erfolgen.

6 Beharrungsvermögen oder Trägheit der Metallionen (sie versuchen den jeweiligen Zustand beizubehalten), Hysterese.

7 Durch die Abkühlungsgeschwindigkeit, schnelle Erwärmung: A_c verschiebt sich nach höheren; schnelle Abkühlung: A_r verschiebt sich nach tieferen Temperaturen.

8 Härten und Vergüten. Die Gitterumwandlung des Eisens findet bei sehr viel tieferen Temperaturen statt und führt zu völlig anderen Gefügen.

1.3.6 Die Auswirkung der Kristallstruktur auf die mechanischen Eigenschaften

1 *Anisotrop* verhält sich ein Einkristall, dessen Eigenschaften von der Richtung zum Raumgitter abhängen, in der sie untersucht werden.
Isotrope Körper wie z.B. Glas, Wachs, reine Kunstharze haben keine richtungsabhängigen Eigenschaften.
Glasfaserkunststoff GFK hat höchste Festigkeit *in* Faserrichtung, quer dazu wesentlich geringere. *Holz* verhält sich ebenso.
Graphit hat eine elektrische Leitfähigkeit *nur längs* der Schichten des Gitters, quer dazu nicht, desgleichen die Fähigkeit in dünnsten Schichten abzugleiten: Schmierwirkung als Festschmierstoff   (LB, Bild 1.3)

2 Ausrichtung bzw. Angleichen der Kristallachsen an Vorzugsrichtungen durch Bearbeitungsverfahren wie Gießen, Walzen und Ziehen. Dadurch verhält sich der Werkstoff anisotrop. Normalerweise sind im vielkristallinen Werkstoff die Kristalle regellos ausgerichtet; er verhält sich, als ob er isotrop wäre (quasi isotrop).

3 Beide Erscheinungen führen zu anisotropem Verhalten, haben aber keinen Einfluß aufeinander, d.h. sie können allein aber auch gemeinsam auftreten. Faserstruktur erfordert Verunreinigungen im Gefüge (Schlacken, Seigerungen), Textur kann auch in hochreinen Werkstoffen auftreten.

4 a) Nichtmetallische Einschlüsse können bei der Warmumformung fadenförmig gestreckt werden; härtere und sprödere Arten zerbrechen und ordnen sich zeilenförmig parallel zur Verformungsrichtung.

b)

Probe	Zugfestigkeit	Dehnung
quer	niedriger	niedriger
längs	höher	höher

5 a) Es entsteht eine resultierende anziehende Kraft, die beim Abstand l_{max} zu einem Höchstwert angestiegen ist; bei weiterer Entfernung der Teilchen sinkt sie auf Null ab.
b) Die Atome dürfen sich nicht über l_{max} hinaus voneinander entfernen.
c) 3 Richtungen, die unter 120° zueinander liegen. Nur so bleibt eine Kugel der Oberschicht in kleinstem Abstand zur Unterschicht.

6 Bei *niedrigen* Spannungen entstehen *elastische* Formänderungen. Bei *hohen* Spannungen kommen *plastische* Formänderungen dazu. Eine plastische Verformung hat stattgefunden, wenn das Teil danach (im spannungslosen Zustand gemessen) seine Ausgangsmaße verändert hat.

7 a) die erforderliche Kraft, um beide Schichten parallel zur Berührungsebene zu verschieben,
b) die erforderliche Kraft, um beide Schichten senkrecht zur Berührungsebene voneinander zu entfernen,
c) der Trennwiderstand.

8 a) Ebenen zwischen Kugelschichten und darinliegende Richtungen, in denen das Abgleiten eine kleinste Kraft erfordert (minimaler Gleitwiderstand). Es sind meist die Ebenen dichtester oder relativ dichtester Packung, sowie die Richtungen, in denen die Atome am dichtesten liegen.
Gleitmöglichkeit ist das Produkt aus der Anzahl der Gleitebenen und Gleitrichtungen.
b) Die Flächen des Oktaeders, der in die Elementarzelle des kfz. Gitters einbeschrieben werden kann. Sie liegen paarweise parallel, deswegen 4 Ebenen × 3 Gleitrichtungen = 12 Gleitmöglichkeiten.
c) 4 Ebenen, welche die Raumdiagonale enthalten, mit je 2 Gleitrichtungen = 8 Gleitmöglichkeiten.
d) Basisebene des Sechseckprismas mit 3 Gleitrichtungen = 3 Gleitmöglichkeiten.

9

Raumgitter	krz.	kfz.	hex.
Bewertung	gut	sehr gut	gering

10 Bildteil a): Die Schubkomponente F_q ist größer als die trennende Normalkomponente F_n. Sie überwindet den Gleitwiderstand; deshalb erfolgt *zuerst das Abgleiten:* plastische Verformung.
Bildteil b): Die trennende Komponente F_n ist größer als die Schubkomponente F_q. Sie überwindet den Trennwiderstand; deshalb *zuerst Trennung* der Schichten: Bruch.

11

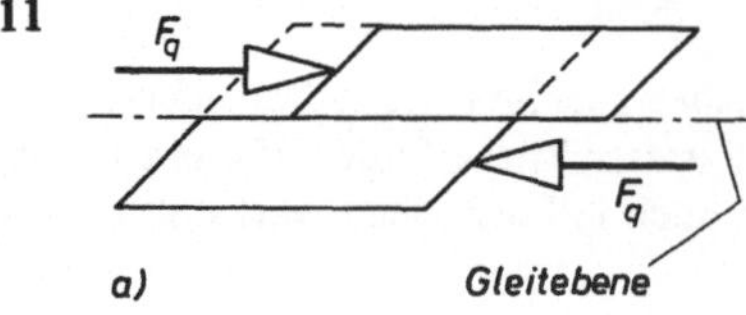

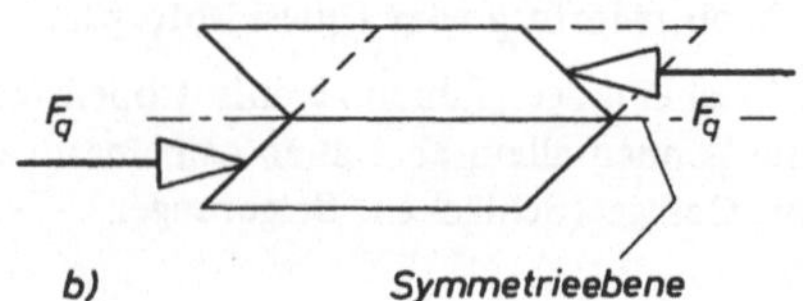

12 Innerhalb *eines* Kristallkornes sind gerade Linien einzeln oder parallel zu bemerken. Dadurch entstehen Flächen verschiedener Helligkeit (Zwillingsstreifen). (LB, Bild 1.17)

13 Es existieren keine Ebenen dichtester Packung, damit auch keine Gleitebenen. Der Werkstoff erträgt hohe Spannungen ohne plastische Verformung und bricht dann verformungslos: hart und spröde.

1.3.7 Die Kaltverfestigung

1 Kaltverfestigung ist die Zunahme von Härte und Festigkeit beim Kaltverformen. Dabei sinkt die restliche Kaltformbarkeit. Der Werkstoff versprödet.

2 a) Im vielkristallinen Werkstoff behindern sich die Kristalle beim Abgleitvorgang. Dadurch werden die Gleitschichten elastisch verbogen. Weitere Verformung erfordert zunehmend größere Kräfte. Die Gleitmöglichkeiten nehmen bis zur vollständigen Blockierung ab: Versprödung.

b) Der Gleitwiderstand wird größer, während der Trennwiderstand sinkt.

3 a) Verformungsgrad $\epsilon = \dfrac{\text{Querschnittsänderung } \Delta A}{\text{Anfangsquerschnitt } A_0} \cdot 100\,\%$

b) $\epsilon = \dfrac{1{,}5\text{ mm} - 0{,}3\text{ mm}}{1{,}5\text{ mm}} \cdot 100\,\% = \dfrac{1{,}2\text{ mm}}{1{,}5\text{ mm}} \cdot 100\,\% = 80\,\%$

c) $\epsilon = \dfrac{s_0 - s_1}{s_0} \cdot 100\,\%;\qquad s_0 = \dfrac{100 \cdot s_1}{100 - \epsilon} = \dfrac{20\text{ mm}}{40} = 0{,}5\text{ mm}$

4

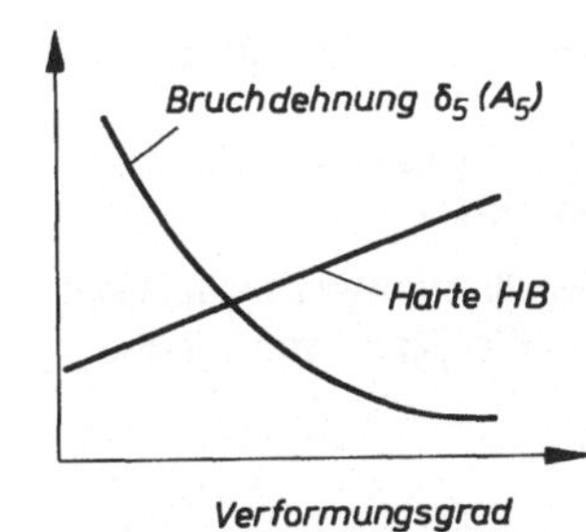

5 Durch die Kaltverformung wird das Raumgitter der Kristalle verzerrt, die Zahl der Störungen erhöht. Damit wird die Beweglichkeit der freien Elektronen geringer (ähnlich wie bei Metallen höherer Temperatur LB, Bild 1.10).

6 Durch die Kaltformgebung der Halbzeuge wird die Festigkeit erhöht. Die *F*-Zahl gibt die erreichte Zugfestigkeit in N/mm² an.

7 Kaltgeformte Schrauben aus unlegierten Stählen erreichen z.T. die Festigkeit solcher aus niedrig legierten, vergüteten Stählen.

Prägepolieren von Bohrungen: Durchstoßen einer polierten Kugel mit Übermaß.

Austenitische Stähle zeigen starke Kaltverfestigung. (LB, 6.2.3)

Mangan-Hartstahl für Teile von Hartzerkleinerungsmaschinen, die Randschichthärte entsteht durch die betriebliche Schlagbeanspruchung.

Austenitischer CrNi-Stahl (V2A, Nirosta) läßt sich nur mit scharfen Werkzeugen bearbeiten (bohren), bei stumpfen wird mit höherer Vorschubkraft gearbeitet, die Kaltverformung und -verfestigung zur Folge hat: das Werkzeug „glüht aus". (LB, 6.2.5)

Kaltgezogene Stangen für die Automatenbearbeitung haben gegenüber dem weichen Zustand eine verbesserte Zerspanbarkeit.

1.3.8 Die Rekristallisation

1 Kristallerholung ist der Abbau von inneren Spannungen bei Temperaturen unterhalb der Rekristallisationsschwelle. Das Verformungsgefüge bleibt erhalten, die Bruchdehnung erhöht sich leicht, die Härte geht geringfügig zurück.

2 a) Umkristallisation des Verformungsgefüges in ein neues Gefüge mit anderer Korngröße und Kornform.
   b) Es muß eine Mindestverformung vorausgegangen sein (kritischer Verformungsgrad etwa 5 ... 8 %), und die Temperatur muß oberhalb der Rekristallisationsschwelle gehalten werden.
   c) Die am meisten verformten Bereiche eines Kristalliten besitzen die größte Energie und ordnen sich zuerst zu fehlerarmen Kristallen.

3 Rekristallisationsschaubild. Korngröße als Funktion der Glühtemperatur und des Verformungsgrades ergeben ein räumliches Schaubild mit einer Kennfläche.

4 Verformungsgrad und Glühtemperatur. Feinkorn wird durch starke Verformung (viele Keime) und Temperaturen dicht über der Rekristallisationsschwelle erzielt. Grobkorn entsteht nach schwacher Verformung und zu hohen Glühtemperaturen.

5 Kaltumformung führt zu Kaltverfestigung und damit Versprödung, die Verformbarkeit ist begrenzt.
Warmumformung bei ständiger Rekristallisation ist theoretisch unbegrenzt durchführbar.
Die Grenze ist die Rekristallisationsschwelle des jeweiligen Werkstoffes.

6 Wenn die Verformungsgeschwindigkeit größer als die Rekristallisationsgeschwindigkeit ist, erfolgt Kaltverfestigung. Der Energiebedarf ist größer, es besteht die Gefahr von Rissen.

1.4 Zweistofflegierungen (binäre Legierungen)

1.4.1 Allgemeines — Phasenregel

1 Reine Metalle haben meist zu geringe Festigkeit.

2 Durch Zusatz von LE werden die Eigenschaften entsprechend den Anforderungen verändert, vor allem die Festigkeit.

3 Höhere Festigkeit durch C, Korrosionsbeständigkeit durch Cr, bessere Zerspanbarkeit durch S, Verschleißfestigkeit durch W.

4 Es sind die Ausgangsstoffe, aus denen die Legierung hergestellt wird.

5 Stoffgemenge. Die Massenverhältnisse der Komponenten sind beliebig.

6 Metall/Metall: Cu-Zn, Messing; Metall/Nichtmetall: Fe-C, Grauguß

7 Metall und Nichtmetall streben in der chemischen Verbindung den Edelgasaufbau ihrer Elektronenhülle an.

8 Carbide, Nitride, Oxide, Sulfide

9 Phasen sind einheitliche (homogene) feste oder flüssige Körper, die sich durch eine sichtbare (evtl. mikroskopisch) Grenzfläche von andersartigen Körpern unterscheiden.

10 a) 2 Komponenten (Fe und C), 2 Phasen (Ferrit und Graphit),
b) 2 Komponenten (Fe und C), 2 Phasen (Ferrit und Zementit).

11 

12 Reinmetalle erstarren je nach Abkühlungsgeschwindigkeit bei einer bestimmten Temperatur (Haltepunkt). Legierungen haben einen Erstarrungsbereich (Knickpunkte). Amorphe Stoffe haben keine Halte- oder Knickpunkte, sie werden mit sinkender Temperatur „zähflüssiger".

13 Die Änderungsmöglichkeiten von Temperatur, Konzentration (und Druck) in bestimmten Grenzenn, unabhängig voneinander, unter Beibehaltung der Anzahl der Phasen.

14 a) Punkt 1: $f = 1 - 1 + 1 = 1$ Temperaturänderung möglich
        Punkt 2: $f = 1 - 2 + 1 = 0$ keine Temperaturänderung möglich
        Punkt 3: $f = 1 - 1 + 1 = 1$ Temperaturänderung möglich
    b) Punkt 1: $f = 2 - 1 + 1 = 2$ Temperaturänderung möglich, Legierungen anderer Konzentrationen können ebenfalls als Schmelze existieren
        Punkt 2: $f = 2 - 2 + 1 = 1$ Temperaturänderung möglich
        Punkt 3: $f = 2 - 1 + 1 = 2$ Temperaturänderung möglich, Legierungen anderer Konzentrationen können ebenfalls als feste Phase existieren

15 a) Vollständige Löslichkeit, Unlöslichkeit und teilweise Löslichkeit der Komponenten
b) Fall 1. Nur so entsteht ein einheitlicher Werkstoff, der in kleinsten Bereichen annähernd gleiche Eigenschaften aufweist.

16 System Kristallgemisch (Bi–Cd), System Mischkristall (Cu–Ni)

17 (1) Gleiches Raumgitter bzw. gleichdichte Packung, (2) annähernd gleiche Gitterkonstante, (3) annähernd gleiche Atomradien, (4) gleiche Wertigkeiten, (5) geringer Abstand in der elektro-chemischen Spannungsreihe   (LB, 1.4.6)

18 wenn größere Unterschiede in einem der folgenden Kriterien Raumgittertyp, Gitterkonstante, Atomradius, Wertigkeit bestehen

19 a) heterogen, 2-phasig,   b) homogen, 1-phasig

20 Die Komponenten bauen ein gemeinsames Raumgitter auf, sie sind so innig wie eine Lösung gemischt, so daß sie mikroskopisch nicht zu unterscheiden sind: Mischkristalle.

21 Die Komponenten bauen kein gemeinsames Raumgitter auf. Sie kristallisieren nach ihren eigenen Raumgittern. Es entstehen reine Kristalle beider Komponenten: Kristallgemisch.

1.4.2 Entstehung eines Zustandsschaubildes

1

2 Knickpunkt. Trotz kontinuierlicher Abkühlung sinkt die Temperatur langsamer. Demnach wird Wärme frei, d.h. die Kristallisation beginnt.

3 Sie haben einen Erstarrungs*bereich,* der mit einem Haltepunkt abschließt. Nur die eutektische Legierung hat einen Erstarrungs*punkt.*

4

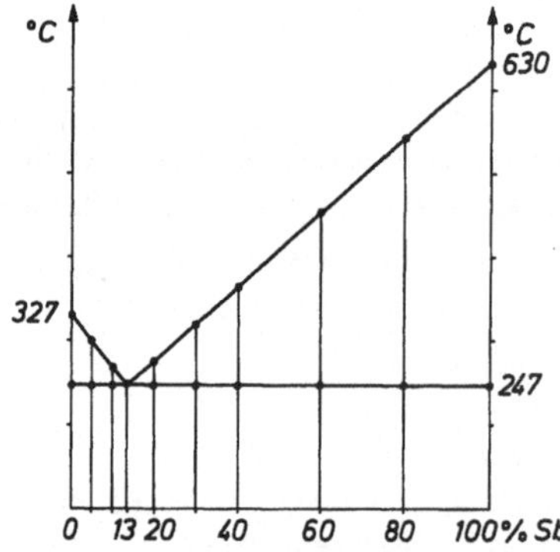

5 Die Keimbildung wird durch die Atome des LE behindert

6

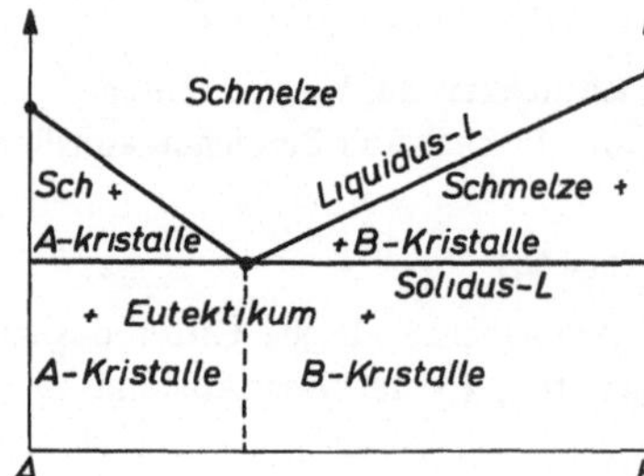

7 Man kann für jede beliebige Zusammensetzung der beiden Komponenten den Erstarrungsverlauf und damit die Bildung der Kristallite ablesen. Das entstehende Gefüge läßt Schlüsse auf die Eigenschaften zu.

1.4.3 Das Lesen eines Zustandsschaubildes

1 Schnittpunkt zwischen der senkrechten Legierungskennlinie und der Liquiduslinie

2 a) Cd-Kristalle

b) Prozentuale Anreicherung der Schmelze mit Wismut durch Ausscheiden der Cd-Kristalle
Mit Wismut angereicherte Zusammensetzungen erstarren bei tieferen Temperaturen. Demnach kann bei sinkender Temperatur nur noch eine Bi-reichere Zusammensetzung als Schmelze bestehen. Deshalb müssen zunächst Cd-Kristalle ausscheiden.

3 a) Die eutektische Zusammensetzung mit 60 % Bi und 40 % Cd. Nur diese Zusammensetzung kann bei dieser Temperatur noch als Schmelze bestehen.

b) Gleichzeitige Erstarrung von Cd und Bi nach ihren eigenen Raumgittern zu einem feinkörnigen Kristallgemisch: Eutektikum

c) $\dfrac{Cd}{100\,\%} = \dfrac{10}{10 + 50}$; $Cd = \dfrac{10}{60}\ 100\,\% = 16,67\,\%$

$Eu = \qquad\qquad 83,33\,\%$

Zusammensetzung des Eutektikums:

$\dfrac{Cd}{100\,\%} = \dfrac{40}{40 + 60}$; $Cd = \dfrac{40}{100}\ 100\,\% = 40\,\%$

$Bi = \qquad\qquad 60\,\%$

L_1 besteht aus 16,67 % Cd-Kristallen (grobkörnig, da in der Schmelze gewachsen) und 83,33 % Eutektikum, welches aus 40 % Cd-Kristallen (feinkörnig) und 60 % Bi-Kristallen besteht.

4

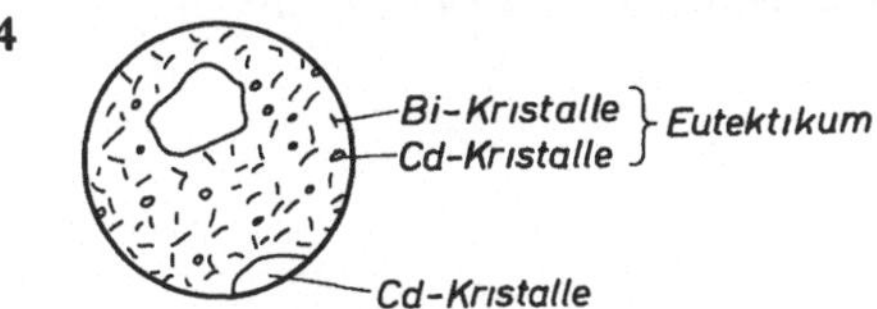

5 a) in den Massenanteilen von Cd-Kristallen und Eutektikum
   b) in den Massenanteilen von Bi-Kristallen und Eutektikum

6 $\dfrac{Eu}{100\,\%} = \dfrac{10}{10 + 30}$; $Eu = \dfrac{10}{40}\cdot 100\,\% = 25\,\%$

$Bi = \qquad\qquad 75\,\%$

1.4.4 Allgemeine Eigenschaften der Legierungen Grundtyp I

1 Das Gefüge ist eine Mischung aus zwei verschiedenen Kristallarten mit unterschiedlichen Eigenschaften. Entsprechend den prozentualen Zusammensetzungen ergeben sich mittlere Werte.

2 a) gute Gießbarkeit der Legierungen durch niedrige Schmelztemperaturen, geringes Schwindmaß durch kleinen Erstarrungsbereich (evtl. -punkt), gutes Formfüllungsvermögen, da keine Primärkristalle an kalten Formwänden den Durchfluß sperren
   b) gute Zerspanbarkeit. Durch die sprödere Phase wird der Span gebrochen; es kann kein Fließspan entstehen.
   c) Die Kaltformbarkeit der heterogenen Legierung ist schlechter, da die zweite Kristallart mit anderem Raumgitter geringere Gleitmöglichkeiten aufweist, d.h. die Kaltumformung wird überwiegend von einer Kristallart übernommen.
   d) Eutektische und naheutektische Legierungen werden als Gußlegierungen verwendet.
   Rohgußteil → Wärmebehandlung → Zerspanen → Fertigteil

3 Zink-Druckguß ZnAl 4, Grauguß mit 4,3 % C (LB, Tafel 1.5)

4 Gußeisen ist besser vergießbar: niedrigere Schmelztemperatur, kleinerer Erstarrungsbereich, dadurch geringeres Schwindmaß, kaum Primärkristalle in der Schmelze.

1.4.5 Zustandsschaubild System Grundtyp II

1

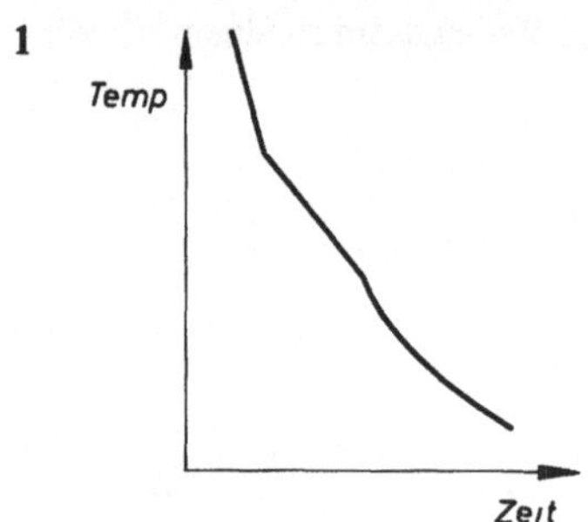

2 Sie haben einen Erstarrungsbereich

3 durch die Temperaturen von Beginn und Ende der Erstarrung und deren Differenz

4

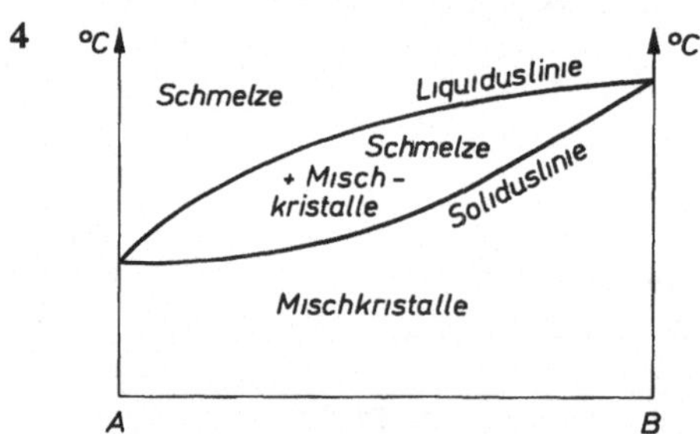

5 Schnittpunkt zwischen der senkrechten Legierungskennlinie und der Liquidus-Linie

6 Mischkristalle mit etwa 35 % Cu

7 a) Etwa $7:39 \,\hat{=}\, 18$ % Mischkristalle, die wesentlich Ni-reicher (62 %) sind, als die Legierung L_1 mit 30 % Ni, sowie etwa $32:39 \,\hat{=}\, 82$ % Schmelze, deren Ni-Gehalt etwas kleiner als L_1 ist.

b) Etwa $24:29 \,\hat{=}\, 83$ % Mischkristalle, deren Ni-Gehalt noch etwas größer als der von L_1 ist, sowie etwa $5:29 \,\hat{=}\, 17$ % Schmelze, deren Ni-Gehalt wesentlich kleiner ist als der von L_1.

8 Damit bei sinkender Temperatur die Schmelze (großer Anteil nach Hebelgesetz) weiter flüssig existieren kann, muß sie Ni-ärmer werden als L_1 (Verlauf der Liquidus-Linie). Das geschieht dadurch, daß die ersten gebildeten Mischkristalle (kleiner Anteil) wesentlich mehr Ni enthalten, als L_1 prozentual besitzt.

Die weiterwachsenden Kristalle erhalten einen Zuwachs aus der Schmelze, dessen Ni-Gehalt kleiner ist. Durch Diffusion tritt Ausgleich ein ($K_o \rightarrow K_u$).

Dabei verarmt die Schmelze immer mehr an Ni ($S_o \rightarrow S_u$) und wird zum Ende der Erstarrung hin aufgezehrt.

9   a) Mischkristalle mit 30 % Ni. Die zunächst entstehenden Mischkristalle ändern durch Diffusion ständig ihre Zusammensetzung, so daß nach vollständiger Erstarrung alle Mischkristalle die Zusammensetzung von L_1 mit 30 % Ni erreichen.

    b) unendlich langsame Abkühlung

    c) Die Diffusion wird behindert, dadurch entstehen Schichtkristalle mit Ni-reichem Kern und Ni-ärmerer Randzone: Kristallseigerung.

10 durch langsame Abkühlung

11 durch langzeitiges Glühen unterhalb der Soliduslinie, durch Warmumformung (Walzen, Schmieden, Strangpressen) oder Kombination beider Maßnahmen

12 Diffusion ist die Wanderung von Atomen im Raumgitter von Bereichen hoher Konzentration nach solchen mit kleinerer.

13 (1) Hohe Temperaturen beschleunigen die Diffusion durch höhere Beweglichkeit der Ionen im aufgeweiteten Raumgitter.

    (2) Zeit muß ausreichend zur Verfügung stehen, da die Diffusionsgeschwindigkeit gering ist.

    (3) Konzentrationsunterschiede sind die Ursache für die Wanderung; sie werden durch die Diffusion kleiner, damit auch die Diffusionsgeschwindigkeit.

    (4) Gitterbaufehler, wie Lücken und Versetzungen, ermöglichen das Wandern durch Platzwechsel der Ionen; eingelagerte Fremdatome erschweren sie.

    (5) Warmumformung bewirkt Abgleitvorgänge im Kristall; dadurch erhöht sich die Beweglichkeit der Ionen.

1.4.6 Allgemeine Eigenschaften der Mischkristallgefüge

1 Das Raumgitter der Mischkristalle ist durch die kleineren oder größeren Atome der LE verzerrt. Die Translation der Gleitschichten erfordert größere Kräfte als bei reinen Metallen: höhere Härte und Festigkeit.

2 a) Alle Kristalle des homogenen Gefüges nehmen an der plastischen Verformung teil. Die Translation kann z.T. weitergehend stattfinden als beim reinen Metall, d.h. es steigen Festigkeit *und* Bruchdehnung (siehe LB, Bild 7.4; Messing bis 30 % Zn).

    b) Die Legierungen haben einen Erstarrungsbereich, d.h. an kalten Formwänden wachsen Kristalle, welche die Formfüllung behindern; größeres Schwindmaß und Kristallseigerungen.

    c) Das homogene Gefüge ergibt wegen der guten Kaltformbarkeit Fließspan und geringe Oberflächengüte.

    d) Legierungen des Typs „Mischkristall werden überwiegend als Knetlegierungen verwendet. Gußblock → Warmumformen → Halbzeug → Kaltumformen/Verbinden → Fertigteil

3 Tiefziehblech: C-armer Stahl, α-Mischkristalle

   Knetmessing: CuZn 37 (Ms 63) kfz.-Mischkristalle

   CrNi-Stahl „rostfrei": X 5 CrNi 18 8; γ-Mischkristalle   (LB, Bild 6.5)

4 Zulegierung von 1 … 3 % Blei in Cu- und Al-Knetlegierungen (Automatenlegierungen); Verarbeitung der Halbzeuge im kaltverfestigten Zustand (F-Zahl), die verminderte Dehnung ergibt bessere Zerspanbarkeit;   (LB, 7.2)

   Automatenstähle: Schwefelgehalte um 0,2 % als Mangansulfidschlacke feinverteilt wirken spanbrechend in C-armen Stählen.   (LB, 2.4.2)

2 Die Legierung Eisen-Kohlenstoff

2.1 Abkühlungskurve und Kristallarten des Reineisens

1
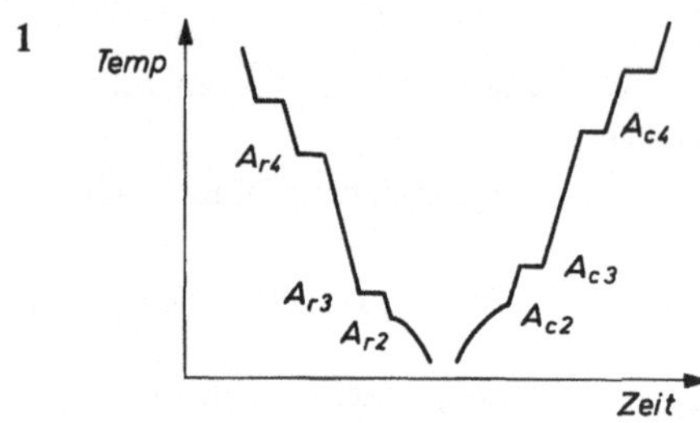

2

Temperatur in °C	1536	1402	911	769
Umwandlung	4	1	2,3	5
Haltepunkt	–	A_{r4}	$A_{r3}\,A_{c3}$	A_{r2}

3
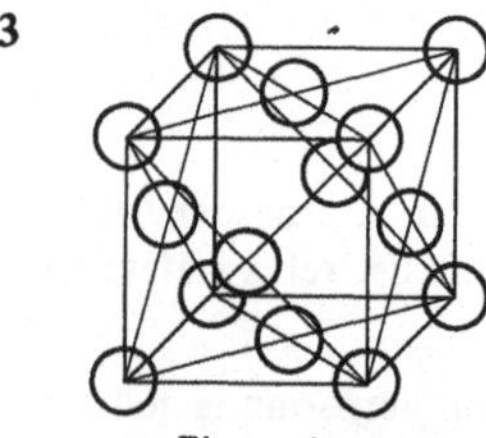

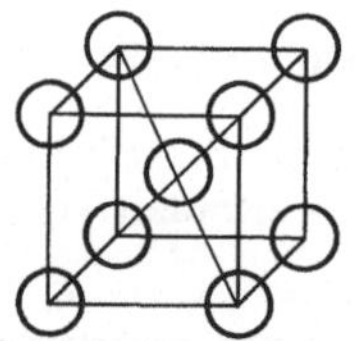

4 .... raumzentriertes Gitter .... Gitterkonstante

5 Austenit (γ-Eisen) sehr gut. Raumgitter besitzt die 4 Oktaederebenen mit 3 Gleitrichtungen = 12 Gleitmöglichkeiten. Ferrit (α-Eisen) gut. Raumgitter besitzt in Richtung der Raumdiagonalen 4 Ebenen mit je 2 Gleitrichtungen = 8 Gleitmöglichkeiten.

6 Einlagerungsmischkristalle, da Kohlenstoff als Nichtmetall keine Metallatome ersetzen kann und sein Atomdurchmesser wesentlich kleiner ist als der der Fe-Atome

7 a) kfz. Gitter, γ-Eisen, Austenit
b) für das kfz. Gitter:

Flächendiagonale $\quad$ = 2 halbe und 1 ganzer Kugel-$\oslash$

$$a\sqrt{2} = 2D$$

$$D = \frac{a}{2}\sqrt{2} = 0,2578 \text{ nm}$$

Gitterkonstante $\quad a = D + d$
$$d = a - D = 0,3646 \text{ nm} - 0,2578 \text{ nm}$$
$$d = 0,1068 \text{ nm}$$
$$d = \frac{0,1068}{0,2578} = 0,4142\,D$$

für das krz. Gitter:
Raumdiagonale $\quad$ = 2 halbe und 1 ganzer Kugel-$\emptyset$

$$a\sqrt{3} = 2D$$

$$D = \frac{a}{2}\sqrt{3} = 0{,}2515 \text{ nm}$$

Gitterkonstante $\quad a = D + d$

$$d = a - D = 0{,}2904 \text{ nm} - 0{,}2515 \text{ nm}$$

$$d = 0{,}0389 \text{ nm}$$

$$d = \frac{0{,}0389}{0{,}2515} = 0{,}155\,D$$

8 $\quad$ Austenit: 2 % bei 1147 °C; Ferrit praktisch Null

9 $\quad$ von der Temperatur; bei niedrigen Temperaturen weniger: bei 723 °C noch 0,8 %

10 $\quad$ α-Eisen bis zu Temperaturen von 769 °C

11 $\quad$ Ferrit 2; Austenit 1

12 $\quad$ Der Stab wird dabei sprungartig länger

13 $\quad$ Dilatometermessung, -kurve

14

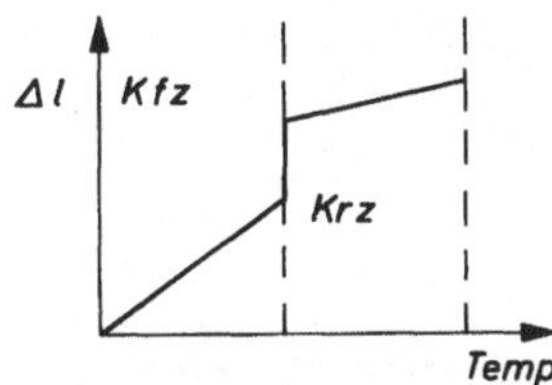

15 $\quad$ Dünnere Querschnitte eines Werkstückes kühlen schneller ab als dickere. Damit findet der Volumensprung in verschiedenen Querschnitten nicht gleichzeitig statt. An den Übergangsstellen entstehen Spannungen.

16 $\quad$ Die Oxidschicht besitzt ein anderes Raumgitter als das Eisen (Ionenbindung) ohne Umwandlung und Volumensprung. Die Folge sind Schubspannungen zwischen Schicht und Grundwerkstoff. Dadurch Abplatzen der Zunderschicht und neue Oxydation: Verzunderung

2.2 Erstarrungsformen

1 $\quad$ Verlauf der Abkühlungskurve bleibt im Prinzip erhalten, die Haltepunkte verschieben sich nach tieferen Temperaturen.

2 $\quad$ beim Hochofenprozeß durch die Aufkohlung beim Kontakt mit CO-Gas oder glühendem Koks

(LB, 3.3.4)

3 $\quad$ Zugfestigkeit und Härte $\hfill$ (LB, Bild 2.14)

4 $\quad$ Nein

5 $\quad$ preisgünstig

6 $\quad$ C erhöht in kleinen Anteilen die Härte und Festigkeit; ermöglicht die Abschreckhärtung; ist billig und bereits im Roheisen enthalten

7 $\quad$ stabiles und metastabiles System

8 stabiles System: α-Eisenkristalle (Ferrit) und C-Kristalle (Graphit)
metastabiles System: α-Eisenkristalle (Ferrit) und Fe_3C-Kristalle (Zementit)

9 Atome streben stabile Elektronenhüllen an. Das kann einmal durch die chemische Bindung Fe_3C geschehen, aber auch durch die Bildung des Molekülgitters Graphit (LB, Bild 1.3)

10

Maßnahme	a)	b)	c)	d)	e)	f)
stabil			X	X		X
metastabil	X	X			X	

g) Schnelle Abkühlung und kleiner C-Gehalt erschweren das Entstehen von Kristallisations-keinem, d.h. zufälligen Anordnungen von C-Atomen in der Form von Elementarzellen des Graphit. Wegen der Verteilung der C-Atome im Eisen ist für Fe_3C-Elementarzellen eine größere Wahrscheinlichkeit vorhanden.

11 Überlagerungen sind möglich. Bei ungleichen Wanddicken ist die Abkühlungsgeschwindigkeit verschieden; sie läßt sich auch steuern, z.B. durch Abschrecken der Randzone in wärmeleiten-den Formen: Schalenhartguß. (LB, 5.7)

12

2	a		1	e	
1	b		3	f	
3	c		2	g	
2	d		1	h	

13 Keine großen Wanddicken (25 ... max. 60 mm; LB, 5.6)

14 Randzone kühlt schneller ab als der Kern. Dadurch teilweise metastabile Erstarrung mit Zementitbildung. Außerdem wird aus dem Formsand Si aufgenommen, das harte Eisen-silizide bildet.

15 Dünne Querschnitte neigen zu metastabiler, dickere zu stabiler Erstarrung: unterschiedliche Härtewerte in einem Werkstück.

2.3 Eisen-Kohlenstoff-Diagramm (EKD)

2.3.1 Erstarrungsvorgänge

1 Ordinate: Temperatur; Abszisse: C-Gehalt

2 a) Das EKD, metastabiles System, besteht aus den Komponenten Eisen-Eisencarbid. Eisen-carbid Fe_3C enthält 6,67 % C.

b) $M_{r,\,Fe_3C} = 3 \cdot 56 + 12 = 180; \qquad C = \dfrac{12}{180} \cdot 100\,\% = 6,67\,\%$

3 a) im Bereich von 0 ... 2 % C
b) im Bereich von 2 ... 6,67 % C
c) linkes Feld: Schmelze + γ-Mischkristalle; rechtes Feld: Schmelze + Primärzementit; oberer V-förmiger Linienzug ist Liquidus, darunterliegend die Soliduslinie

4 drei Legierungen: Stahl (0 ... 2 % C), untereutektische Legierungen (2 ... 4,3 % C) und über-eutektische Legierungen (4,3 ... 6,67 % C)

5 a) γ-Mischkristalle (Austenit) mit eingelagerten C-Atomen

b) γ-Mischkristalle (Austenit) + Eutektikum

c) Primärzementit + Eutektikum

6 Inneres der Mischkristalle ist C-ärmer als die Randzone: Kristallseigerung (LB, Bild 1.43).

(LB, Bild 2.7)

7 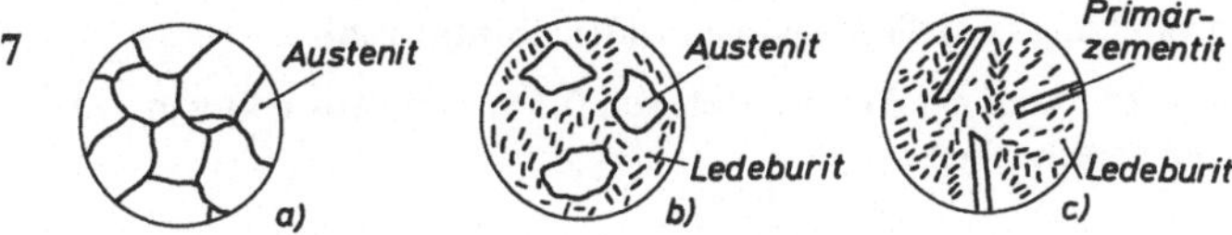

2.3.2 Die Umwandlungen im festen Zustand und die Perlitbildung

1 mit dem System „Kristallgemisch" (Grundtyp I)

2 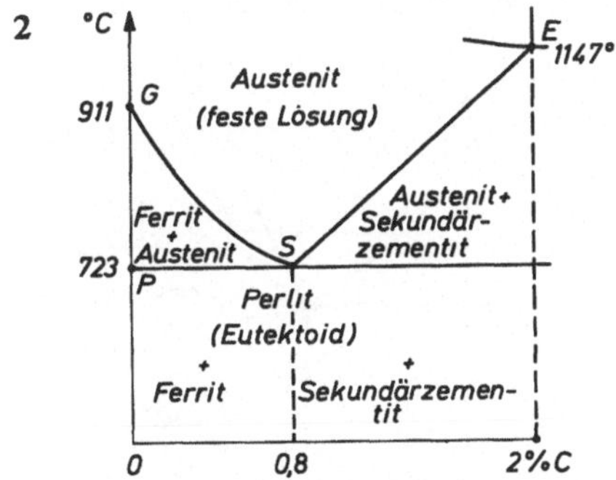

3 Beim „Kristallgemisch" scheiden zwei Kristallarten aus einer flüssigen Lösung (Schmelze) aus; bei der Stahlecke dagegen aus einer festen Lösung (Mischkristalle). Das entstehende feinkörnige Gemenge aus zwei Kristallarten wird nicht Eutektikum sondern Eutektoid genannt.

4 drei. Untereutektoide Legierungen (0 ... 0,8 % C); die eutektoide Legierung mit 0,8 % C; übereutektoide Legierungen (0,8 ... 2 % C)

5 a) oberhalb: Austenit (kfz.); unterhalb: Ferrit (krz.)

b) oberhalb: 0,8 % C; unterhalb: praktisch Null

c) Die γ-α-Umwandlung des Reineisens bei 911 °C wird durch C-Atome (im Einlagerungs-mischkristall) bis auf 723 °C bei 0,8 % C-Gehalt gesenkt (Linie *GS*).

d) Die im Austenit gelösten C-Atome können im entstehenden Ferrit nicht mehr gelöst enthalten sein. Deshalb müssen sie diffundieren und bilden außerhalb des Ferrits eine zweite Kristallart: Zementit, Fe_3C (metastabiles System!).

e) 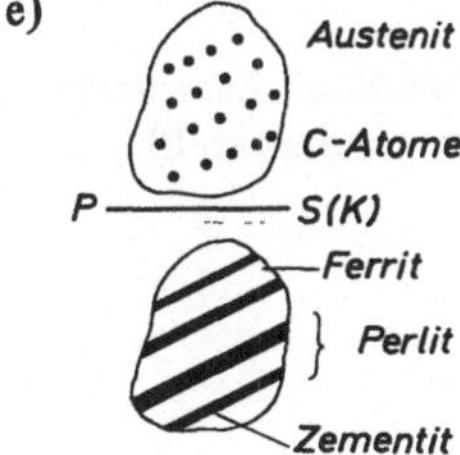

f) Die Kohlenstoffdiffusion benötigt Temperatur und Zeit. Bei schneller Abkühlung fehlt beides; die Umwandlung verschiebt sich zu niedrigeren Temperaturen, die C-Atome können nur kleine Wege zurücklegen. Ferrit- und Zementitkristalle werden zunehmend feinkörniger (feinstreifiger).

6 a) Austenitzerfall oder Perlitbildung

b) (1) die schnelle Gitterumwandlung, (2) die langsame Kohlenstoffdiffusion

7 a) die γ-α-Umwandlung. Sie wird durch die Anwesenheit von 0,3 % C im Austenit von 911 °C nach tieferen Temperaturen verschoben.

b) α-Eisen = Ferritkristalle

c) bei 723 °C, Linie *PS*

d) Der Austenit wird C-reicher. Durch die Gitterumwandlung werden einzelne C-haltige γ-Mischkristalle zu Ferrit (ohne Lösungsvermögen für C). Dadurch müssen diese C-Atome in den verbleibenden Austenit diffundieren und erhöhen dessen C-Gehalt.

e) bis zu 723 °C, Linie *PS*. Der Austenit hat dann 0,8 % C gelöst.

f) Austenitzerfall = Perlitbildung (Antwort Frage 5)

g) Hebelgesetz: $\dfrac{F}{100\,\%} = \dfrac{0,5}{0,8}$

$\text{Ferrit} = \dfrac{0,5}{0,8} \cdot 100\,\% = 62,5\,\%$

$\text{Perlit} \qquad\qquad = 37,5\,\%$

h)

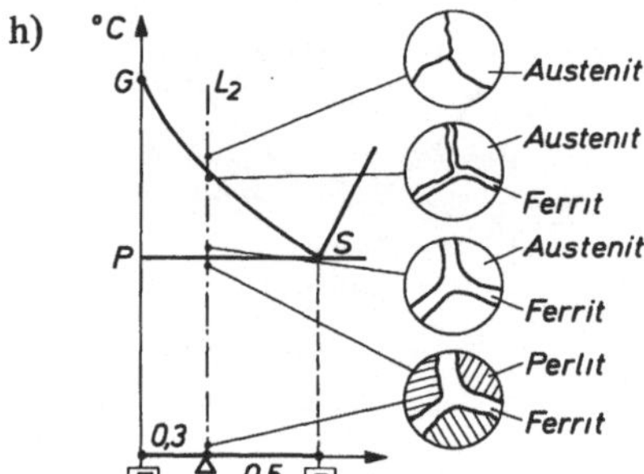

8 durch das Verhältnis von Ferrit zu Perlit: steigender C-Gehalt $\hateq$ steigender Perlitanteil

9 Durch Hysterese verschieben sich die Umwandlungstemperaturen nach unten: dadurch wird die Diffusion der C-Atome erschwert. Es „klappen" weniger Kristalle um; der Ferritanteil wird kleiner. Er enthält evtl. noch nicht diffundierte C-Atome: übersättigter Ferrit. Die Kristalle sind insgesamt kleiner, der Perlit feinstreifiger (Antwort zu Frage 5f).

10 a) Ausscheidung von Sekundärzementit aus dem Austenit. Die γ-Mischkristalle sind an diesem Punkt gerade gesättigt. Ihr Lösungsvermögen für Kohlenstoff nimmt mit der Temperatur weiter ab (Linie *SE*). Bei 723 °C, Linie *SK*, ist der Vorgang abgeschlossen.

b) C-Atome diffundieren an die Korngrenzen und bilden dort Korngrenzenzementit, der als Schale die Austenitkörner umgibt (Schalenzementit). Im Gegensatz zum Primärzementit, der aus der Schmelze ausscheidet, wird Sekundärzementit im festen Zustand aus dem Austenit ausgeschieden.

c) Der Austenit wird C-ärmer. Bei 723 °C besitzt er 0,8 % C. Nur bei dieser Zusammensetzung kann Austenit bis auf 723 °C abkühlen (untere Ecke des Austenitgebietes im EKD).

d) Austenitzerfall = Perlitbildung (Antwort Frage 5).

e)

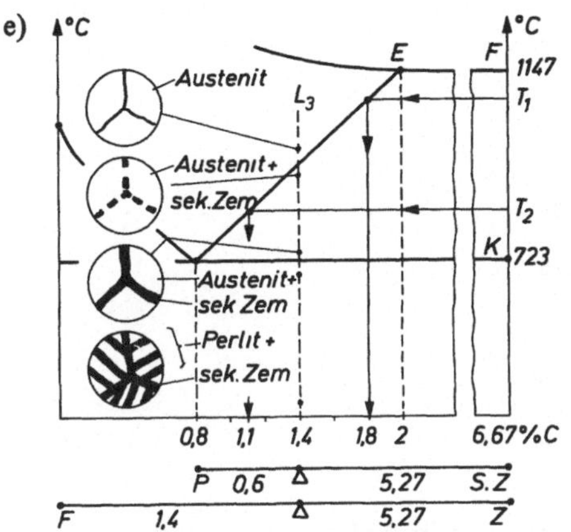

f) Hebelgesetz oben (Bild):

$$\frac{P}{100\,\%} = \frac{5,27}{5,87}$$

$$\text{Perlit} = \frac{5,27}{5,87} \cdot 100\,\% = 89,8\,\%$$

Sekundärzementit $= 10,2\,\%$

Hebelgesetz unten (Bild):

$$\frac{F}{100\,\%} = \frac{5,27}{6,67}$$

$$\text{Ferrit} = \frac{5,27}{6,67} \cdot 100\,\% = 79\,\%$$

Zementit (gesamt) $= 21\,\%$

g) Bei T_1: 1,8 % C; bei T_2: 1,1 % C.

11 durch das Verhältnis von Perlit und Sekundärzementit: steigender C-Gehalt $\hat{=}$ steigende Dicke des Sekundärzementitnetzes

12 a) Ausscheidungen von Sekundärzementit (Antwort Frage 10a)
   b) als Korngrenzenzementit (Antwort Frage 10b)
   c) der Austenit wird C-ärmer (Antwort Frage 10c)
   d) Austenitzerfall = Perlitbildung (Antwort Frage 5)
   e)

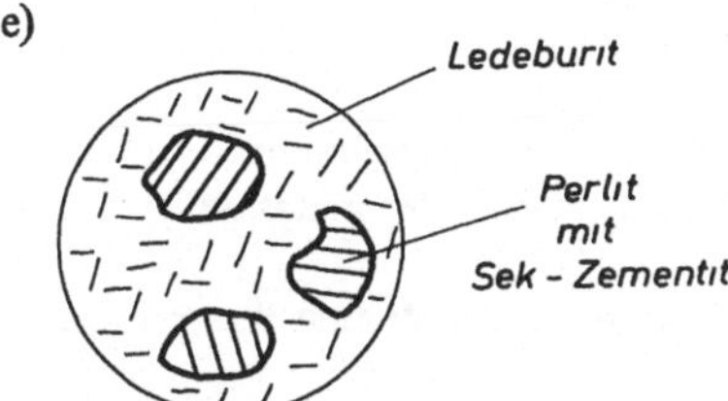

Hebelgesetz f_1 (Bild):

$$\frac{P}{100\,\%} = \frac{1,3}{3,5}$$

$$\text{Perlit} = \frac{1,3}{1,5} \cdot 100\,\% = 37,1\,\%$$

Ledeburit $= 62,9\,\%$

f) Hebelgesetz f_2 (Bild):

$$\frac{F}{100\,\%} = \frac{3,67}{6,67}$$

$$\text{Ferrit} = \frac{3,67}{6,67} \cdot 100\,\% = 55\,\%$$

Zementit (gesamt) $= 45\,\%$

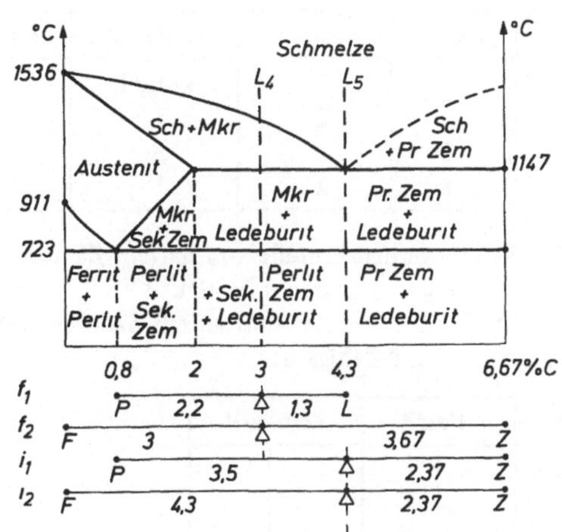

g) durch das Verhältnis von Perlit und Ledeburit: steigender C-Gehalt $\hat{=}$ steigender Ledeburitanteil

h) (1) γ-Mischkristalle mit 2 % C und Zementit
(2) γ-Mischkristalle mit 0,8 % C und Zementit
(3) Ferrit und Zementit

Hebelgesetz i_1 (Bild):

$$\frac{P}{100\,\%} = \frac{2,37}{5,87}\,; \qquad \text{Perlit} = \frac{2,37}{5,87} \cdot 100\,\% = 40,4\,\%$$

$$\text{Zementit} \qquad\qquad = 59,6\,\%$$

Hebelgesetz i_2 (Bild):

$$\frac{F}{100\,\%} = \frac{2,37}{6,67}\,; \qquad \text{Ferrit} = \frac{2,37}{6,67} \cdot 100\,\% = 35,5\,\%$$

$$\text{Zementit (gesamt)} \qquad = 64,5\,\%$$

2.4 Die Eigenschaften der Stähle und Eisenlegierungen in Abhängigkeit vom Kohlenstoffgehalt und den Eisenbegleitern

2.4.1 Wirkung des Kohlenstoffs

1 a) prozentuale Anteile der Kristallarten,
b) Vorliegen des Kohlenstoff als Graphit, Zementit oder als Kombination aus beiden,
c) Form der Kristallarten und Ausscheidungen,
d) Verlauf der Diffusionsvorgänge durch gezielte Steuerung (Wärmebehandlung) oder unkontrolliert (Fertigung),
e) Legierungselemente.

2 (1) Legierungselemente können die Diffusionsvorgänge der C-Atome behindern.   (LB, 6.2.1)
(2) Größe des C-Gehaltes beeinflußt die Erstarrungsform (stabil oder metastabil); ebenso Si- oder Mn-Gehalte.
(3) Verlauf der Diffusionsvorgänge beeinflußt die Form der Kristalle und ihre prozentualen Anteile am Gefüge.

3

Ferrit	Austenit	Zementit	Graphit
2	3	kompl.	1
2	2	1	3
2	1	3	3
1	2	1	2

4 St 37: geringe Anteile von hartem Zementit (im Perlit); dadurch gute Verformbarkeit, geringere Härte und Festigkeit

St 70: höherer Zementitanteil; dadurch hohe Härte und Festigkeit, geringe Verformbarkeit und Zähigkeit   (LB, Bild 2.14, Tafel 3.6)

5

Ferrit		Zementit	
X			
	X	X	
	X	X	
			X

6 lamellar (bei GG), kugelförmig (bei GGG) flockenförmig (bei GT)   (LB, 5.3)

7   Mit steigenden C-Gehalten steigt der Anteil an hartem, sprödem Zementit im Gefüge an, dadurch

    a) sinkt der Anteil an weichem zähem Ferrit. Die Zugfestigkeit steigt bis 0,8 % C beim rein perlitischem Stahl. Über 0,8 % C hinaus tritt zunehmend Korngrenzenzementit auf, welcher den Zusammenhang schwächt: Zugfestigkeit nimmt wieder ab.

    b) nimmt die Härte etwa linear zu,

    c) sinken Bruchdehnung, -einschnürung und Kerbschlagzähigkeit des reinen Ferrits anfangs stark, dann geringer ab.

8   Kaltumformbarkeit: steigende Zementitgehalte erhöhen den Kraftbedarf und vermindern die möglichen Verformungsgrade (Biegeradien beim Abkanten); Grenze etwa bei 0,8 % C.

    Warmumformbarkeit: Bei den Arbeitstemperaturen von 1300 ... 8000 °C ist der Kohlenstoff zunächst im Austenit gelöst und erfordert steigenden Kraft- und Energiebedarf. Über 0,8 % C wird während des Schmiedens das homogene Gefüge heterogen (störende Zementitausscheidung beim Erreichen der Linie *ES* und darunter), so daß nur noch kleinere Verformungsgrade zulässig sind. Grenze der Warmumformbarkeit liegt bei etwa 1,7 % C für unlegierte Stähle.

9   Bruchdehnung und -einschnürung. Beim Schweißen wird der Werkstoff ungleichmäßig erwärmt und abgekühlt. Die dabei auftretende behinderte Schrumpfung führt zu inneren Spannungen, die nur bei guter Verformungsfähigkeit durch plastische Formänderungen abgebaut werden können. Spröde Werkstoffe reißen.

10 Mit steigendem Zementitanteil verringern sich Bruchdehnung und -einschnürung und damit die Schweißeignung; Grenze bei 0,25 % C für normale Schmelzschweißverfahren.

11 a) Härte und Zugfestigkeit

    b) (1) Der Zementitanteil steigt, damit Härte und Zugfestigkeit, die Zerspanbarkeit wird schlechter.

       (2) Der Graphitanteil steigt, seine Schmierwirkung verbessert die Zerspanbarkeit.

2.4.2 Die Wirkung der Eisenbegleiter

1   a) P, S, O, N, H;   b) Si, Mn

2   P: Verhüttung von P-haltigen Erzen und Zuschlägen (Kalkstein)

    S: Verhüttung sulfidischer Erze sowie durch Koks, Erdöl oder Brenngase

    O: Frischvorgang bei der Stahlerschmelzung

    N: Stahlerschmelzung: Thomas-Verfahren durch Blasluft, Elektro-Lichtbogen-Verfahren durch Bildung von Stickoxiden bei hohen Temperaturen

    H: Stahlerschmelzung mit feuchtem Einsatz und Zuschlägen sowie schlecht getrockneten Ausmauerungen der Öfen und Pfannen. Brenngase enthalten Wasserdampf.

    Si: Quarzhaltige Gangart der Erze bei der Verhüttung und durch Ferrolegierungen zur Desoxydation oder zum Erreichen der stabilen Erstarrung

    Mn: Verhüttung von Mn-haltigen Erzen, durch Ferrolegierungen zur Desoxydation

3   Längere Behandlungszeiten ergeben kleineren Ausstoß bei höherem Aufwand an Energie und Zuschlagstoffen: geringere Wirtschaftlichkeit

4   als Silicatschlacke (hart, spröde) und als Mischkristallbildner im Ferrit (Silicoferrit). Die Kaltformbarkeit wird verschlechtert: Schlackenteilchen wirken verschleißend auf Werkzeug; schlechte Oberfläche. Größerer Kraftbedarf bei geringerer Verformbarkeit. Warmumformung mit Gefahr der Randentkohlung. Beim Schweißen verbrennt das gelöste Si und bildet zähflüssige Schlackenhäute → Bindefehler und Schlackeneinschlüsse.

Si schnürt das γ-Gebiet des EKD ab: umwandlungsfreie ferritische Stähle. Nach Kornvergröberung ist kein Normalisieren möglich. (LB, 6.2.4)

5 a) Si erhöht den elektrischen Widerstand und verringert dadurch die Ummagnetisierungs- und Wirbelstromverluste.

b) Mit Si kann die stabile Erstarrung der Fe-C-Gußlegierungen gesteuert werden; es ist deshalb in allen Gußeisensorten enthalten. (LB, Bild 5.3)

6 Eigenschaften in Längs- und Querrichtung sind unterschiedlich; Querproben haben geringere Werte, besonders bei den Verformungskennwerten.

7 Der Stahl muß gute Schweißeignung besitzen; das erfordert niedrige C-Gehalte (unter 0,2 %). Die Festigkeit wird durch Mischkristallbildung mit Mn erzielt.

8 Mn begünstigt die Zementitausscheidung bei Fe-C-Gußwerkstoffen (metastabile Erstarrung).

9 P erhöht Festigkeit und Korrosionsbeständigkeit, verringert stark die Kerbschlagzähigkeit und Kaltumformbarkeit. Alle Werkstoffe müssen ausreichende Zähigkeit besitzen; deshalb werden P-Gehalte so klein wie wirtschaftlich möglich gehalten.

10 a) S ist chemisch an Fe als Eisensulfid FeS (Sulfidschlacke) gebunden und durch Seigerungen an Korngrenzen abgelagert.

b) Bei hohen Schmiedetemperaturen ist FeS flüssig und führt beim Verformen zu Heißbruch; bei etwas niedrigeren Temperaturen ist es spröde und ergibt Rotbruch.

11 Bei Anwesenheit von Mn bindet sich Schwefel nicht an Fe, sondern an Mn aufgrund höherer Affinität. MnS bildet hochschmelzende, feinverteilte Kristalle, die keinen Rotbruch ergeben.

12 Die Fertigung auf Automaten muß mit kurzbrechendem Span erfolgen. Die feinverteilten Sulfidschlackeneinschlüsse führen zur Spanunterbrechung.

13 a) O ist chemisch an Fe als Eisenoxid FeO (Oxidschlacke) gebunden. Zusammen mit FeS bilden sich niedrigschmelzende Gefügebestandteile, die sich an den Korngrenzen absetzen.

b) Siehe Antwort zu 10b.

14 langsame Änderung der Eigenschaften durch Diffusionsvorgänge im Laufe längerer Zeit

15 Festigkeit und Härte nehmen zu, Bruchdehnung und Zähigkeit nehmen stark ab

16 a) Ferrit hat ein mit der Temperatur abnehmendes Lösungsvermögen für Stickstoff. Dadurch entstehen bereits bei normaler Abkühlung übersättigte Mischkristalle. Im Laufe der Zeit werden die N-Atome in Störstellen des Raumgitters abgedrängt und wirken dort als Gleitblockierung,

b) durch Kaltverformung und Erwärmung (Reckalterung LB, 4.4.3)

17 Durch die Schweißwärme können die kaltgeformten Bleche schnell altern; dadurch wird die Dehnbarkeit verringert. Auftretende Schrumpfspannungen können nur begrenzt abgebaut werden. Es besteht die Gefahr von Sprödbrüchen.

18 Sauerstoff-Aufblasverfahren (LD- und LDAC-Verfahren) oder bodenblasende Konverter (OBM-Verfahren) (LB, 3.4.5)

19 a) als kleiner linsenförmiger Hohlraum, Flockenriß

b) Kerbschlagzähigkeit

c) Verwendung von trockenem Einsatzmaterial für das Stahlgewinnungsfahren, Behandlung der abgestochenen Stahlschmelzen mit Vakuum oder Erschmelzung unter Vakuum

(LB, 3.6.5)

20 Beizen zur Beseitigung von Zunderschichten auf geglühtem Stahl. Dabei wird aus den Säuren Wasserstoff frei. Eine geringe Menge diffundiert in das Gefüge (Hartverchromen, LB, 4.5.5)

3 Roheisen- und Stahlerzeugung

3.4 Stahlerzeugung

1 Roheisen 3 ... 4 %; Stahl 0,1 ... 0,6 %

2 Schwefel S und Phosphor P

3 Phosphor führt zur Kaltbrüchigkeit, d.h. niedrigen Werten der Kerbschlagzähigkeit bei Raumtemperatur. Schwefel ergibt als FeS niedrigschmelzende Schlackenteilchen, die bei Schmiedetemperatur flüssig sind und bei Verformungen zu Rissen führen: Heiß- und Rotbruch

(LB, 2.4.2)

4 Roheisen 1100 ... 1200 °C; Stahl 1500 ... 1600 °C

5 Absenken des C-Gehaltes, Entfernen der Elemente P und S soweit möglich und Temperatursteigerung um etwa 300 °C

6 a) Frischen,   b) Oxydation,   c) Sauerstoff

7 T-Verfahren: Luft; SM-Verfahren: oxydierende Flamme und Eisenoxide des Einsatzmaterials; LD-Verfahren: technisch reiner Sauerstoff

8 a) Kreislaufschrott (Neuschrott) und Fremdschrott (Altschrott)
b) Altschrott hat teilweise störende Gehalte an Cu und Sn, sowie in den Rostschichten Schwefel, der aus der Industrieatmosphäre aufgenommen wurde

9 a) durch die von unten in den Konverter geblasene Luft
b) durch das aufsteigende CO-Gas aus der Reaktion FeO + CO + Fe
c) durch den aufgeblasenen Sauerstoffstrahl
d) durch rotierende Reaktionsgefäße

10 Sie sind edler als Fe, d.h. sind mit Sauerstoff weniger reaktionsfähig. Deshalb wird zuvor das Fe oxydiert (verschlackt).

11 Das Nichtmetall Phosphor (Säurebildner) reagiert mit einer basischen Schlacke (CaO-haltig).
a) P ist als P_2O_5 in der Schmelze gelöst
b) als Nichtmetall (Säurebildner) nur mit einer basischen Schlacke; d.h. Überschuß an CaO

c)

	Thomas-	Verfahren Siemens-Martin-	LDAC-Verfahren
Kalkzugabe als	Stückkalk vor dem Roheisen chargiert	Stückkalk auf die Schmelze chargiert	Feinkalk auf die Schmelze geblasen
Beginn des P-Entzugs	nach Temp.-Erhöhung, wenn Schlacke den Kalk lösen kann	von Anfang an, da hohe Temperatur von ca. 1700 °C	von Anfang an, da hohe Temperatur im Brennfleck
P-Gehalt der Stähle (größer/kleiner)	größer	kleiner	kleiner

12 a) Verbrennungswärme der Eisenbegleiter, vor allem P, der deshalb im Thomas-Roheisen mit über ca. 1 % enthalten sein muß

b) Heizflamme aus Gas oder Öl mit vorgewärmter Luft verbrannt

c) Verbrennungswärme der Eisenbegleiter

d) Elektrische Energie durch die Lichtbogenwärme

13 Es fehlt der Stickstoff, der in der Blasluft mit ca. 80 % enthalten ist und der auf die hohe Abgastemperatur erhitzt wird. Diese Wärme wird der Stahlschmelze beim T-Verfahren entzogen. Sie kann bei den Sauerstoffaufblasverfahren zur Schrotteinschmelzung genutzt werden.

14 Im Hochfrequenz-Tiegelofen, da diese Ofenart nur kleines Fassungsvermögen hat, und diese Stahlsorten nicht in großen Massen erzeugt werden. Da eine äußere Flamme fehlt, ist der Verlust durch Abbrand teurer LE gering.

3.6 Das Erstarren des Stahls

1 a) Seigerung ist die Entmischung einer homogenen Schmelze beim Erstarren. Dadurch erhält der Block unterschiedliche Analysen über den Querschnitt und in der Höhe.

b) Die Erstarrung beginnt an den kalten Formwänden. Es scheiden sich C-arme Mischkristalle aus (siehe Temperatur-Waagerechte LB, Bild 2.7). Legierungselemente reichern sich dadurch in der flüssigen Kernzone an, die zuletzt erstarrt und nach oben hin zunehmende Gehalte an diesen Elementen besitzt.

c) Gefügebestandteile mit niedrigem Schmelzpunkt, wie z.B. Sulfide, Phosphide, C-reiche Mischkristalle, d.h. die Elemente P, S und C.

2 a) Innere Hohlräume an dicken Querschnitten oder Einfallstellen der Außenhaut (Außenlunker)

b) die starke Schrumpfung beim Übergang vom flüssigen (ungeordnete Teilchen) zum kristallinen Zustand (geordnete Teilchen)

c) konstruktiv: Vermeiden von schroffen Querschnittsübergängen und Stoffanhäufungen
gießtechnisch: Setzen von Trichtern oder Steigern an Stellen mit dicken Querschnitten

3 a) auf die Bewegung der Badoberfläche in der Kokille. Die aufsteigenden Gasblasen lassen den Stahl „kochen"

b) $FeO + C \rightarrow Fe + CO \nearrow$

c) Infolge der Kohlenstoffseigerung bei der Erstarrung wird das Gleichgewicht zwischen FeO und C gestört; durch die Reaktion wird das Gleichgewicht wieder angestrebt.

4 a) viel FeO im Bad gelöst,   b) wenig FeO im Bad gelöst

5 a) Blasenkranz, Seigerungszone, kleiner Lunker

b) Restliche Sauerstoff- und Stickstoffgehalte ergeben eine Alterungsneigung der Stähle

(LB, 2.4.2)

6 bei Stahlgußteilen, die nicht mehr warmverformt werden, bei Hartstählen und legierten Stählen. Sie dürfen nur mit geringen Kräften und Querschnittsabnahmen verformt werden, so daß innere Blasen nicht verschweißen.

7 a) *Diffusion* des FeO in eine Schlacke (Elektro- und Siemens-Martin-Ofen), *Fällung*, d.h. Umwandlung in unlösliche Teilchen durch Desoxydationsmittel

b) Aluminium: $3 FeO + 2 Al \rightarrow 3 Fe + Al_2O_3$
Silicium: $2 FeO + Si \rightarrow 2 Fe + SiO_2$
Calcium: $FeO + Ca \rightarrow Fe + CaO$

8 a) kein Blasenkranz, keine Seigerungszone, tiefer Lunker

b) mit Al beruhigte Stähle sind nicht alterungsanfällig

c) Stahlgußsorten, legierte Stähle, unlegierte Einsatz- und Vergütungsstähle, allgemeine Baustähle der Gütegruppen 2 und 3

9 Gelöste Gase (Wasserstoff) werden bis auf Reste entfernt. Die Reaktion $FeO + C \rightarrow Fe + CO \nearrow$ läuft weiter, weil Unterdruck das Entstehen von Gasen begünstigt (Gesetz des kleinsten Zwanges). Dadurch verringert sich der Anteil an Oxidschlacken.

10 a) Vakuum-Gießverfahren und Vakuum-Erschmelzungsverfahren

b) Gegenüber den Gießverfahren sind beim Vakuum-Erschmelzungsverfahren 1000-fache Unterdrücke möglich

c) Teilmengenentgasung und Vakuum-Lichtbogen-Verfahren

11 a) geringere Gaseinschlüsse und Anzahl der Schlackenteilchen

b) Quereigenschaften sind fast gleich den Längseigenschaften; die Dauerfestigkeit ist gegenüber den offenen erschmolzenen Stählen erhöht.

4 Wärmebehandlung des Stahls

4.1 Allgemeines

1 Die Eigenschaften der Stähle sollen gezielt verändert werden, wobei Formänderungen möglichst zu vermeiden sind.

2 Glühen, Härten, Vergüten

3 Erwärmen, Halten und Abkühlen nach bestimmten Temperatur-Zeit-Programmen

4 (1) die temperatur- und gitterabhängige Löslichkeit des Eisens für Kohlenstoff
(2) die α-γ-Umwandlung

5 Die Buchstaben bezeichnen bestimmte Umwandlungen, die bei den jeweiligen Verfahren ausgenutzt werden. Je nach C-Gehalt (und der LE) und Erwärmungs- und Abkühlungsgeschwindigkeit finden sie bei unterschiedlichen Temperaturen statt.

4.2 Glühen

1 in den Zustandsfeldern unterhalb der Solidus-Linie, da Halbzeuge und Werkstücke ihre Form behalten müssen

2 Normal-, Grobkorn-, Weich-, Spannungsarm-, Diffusions- und Rekristallisationsglühen

4.2.1 Normalglühen (Umkörnen)

1 Der Stahl soll ein normales Gefüge, d.h. ein feinkörniges Gefüge mit rundlichen Körnern annähernd gleicher Größe erhalten.

2 a) (1) dicht oberhalb A_{c3} (Linie *GS*). Eine vollständige Umkörnung ist nur möglich, wenn das ferritisch-perlitische Gefüge vollständig in Austenit umwandelt.
(2) dicht oberhalb A_{c1} (Linie *SK*). Eine vollständige Austenitisierung ist nicht zweckmäßig (Überhitzungsgefahr); die Umwandlung des Perlitanteils ergibt eine vollständige Umkörnung.
b) (1) und (2) Haltezeit nur so lang, bis auch der Kern der Werkstücke in Austenit umgewandelt ist; um neue Grobkornbildung zu vermeiden.
c) (1) und (2) zunächst schnell bis unter A_{r1} (Linie *PSK*), damit der Austenit feinkörnig in Perlit umwandelt, danach langsam, um Spannungen zu vermeiden. (LB, Bild 4.2)
d) 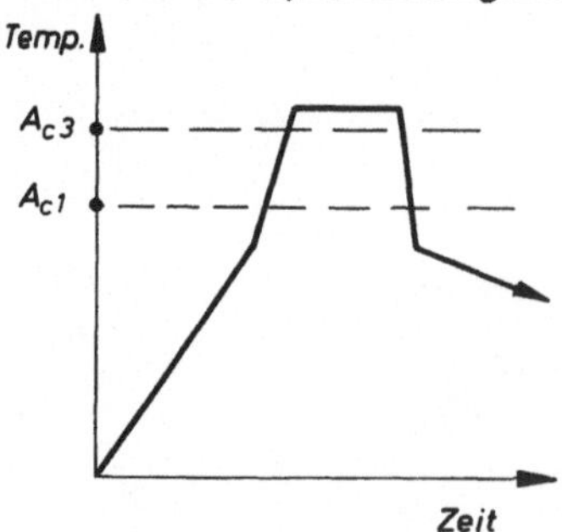

3   Bei „überzeiteten" und „überhitzten" Stählen, z.B. Guß-, Schmiede- und Schweißteilen; Teile, die einem Diffusions- oder Verteilungsglühen unterworfen wurden; kaltverformte Teile mit kritischem Verformungsgrad.

4

Eigenschaftsänderung	schwache	mittlere	starke
Festigkeit	X		
Bruchdehnung		X	
Kerbzähigkeit			X

(LB, Tafel 4.1)

4.2.2 Grobkornglühen

1   Verbesserung der Zerspanbarkeit (Kurzspan, keine Aufbauschneide, bessere Oberflächengüte), da grobkörniger Werkstoff spröder ist als im feinkörnigen Zustand.

2   a) Werkstoff wird etwa 150 °C über A_{c3} (Linie GS) geglüht,
    b) mehrere Stunden, im allgemeinen 2 h

Bei homogenen Gefügen verwachsen unter Einfluß der Wärmebewegung und der Oberflächenspannung kleinere Kristallite mit den benachbarten größeren: Kornwachstum (LB, 1.39). Aus diesem Grunde muß über GS (Austenitgebiet) geglüht werden und genügend Zeit zur Verfügung stehen.

Eine zweite Kristallart (Verunreinigungen, Carbide, Nitride) auf den Korngrenzen behindert das Kornwachstum. Stähle, die ständig bei hohen Temperaturen eingesetzt werden (warmfeste und hitzebeständige Stähle, LB, 6.3), müssen derartig aufgebaute Gefüge besitzen.

3   Bei un- und niedriglegierten Einsatzstählen, bei Si-legierten Dynamoblechen werden durch Grobkorn die Ummagnetisierungs- und Wirbelstromverluste verringert: höherer Wirkungsgrad.

4.2.3 Weichglühen (Glühen auf kugeligen Zementit)

1   Der Stahl soll niedrigste Härte bei hoher Bruchdehnung erhalten. Das wird durch eine Verfeinerung der Zementitkristalle erreicht. Damit wird das günstigste Ausgangsgefüge für wichtige Fertigungsverfahren hergestellt.

2   a) (1) dicht unterhalb A_{c1} (Linie PS); bei Wiedererwärmung zerfällt der Streifenzementit im Perlit aufgrund der Oberflächenspannung in kleinere Körner, die die Kugelgestalt anstreben.
    (2) Pendelglühen um A_{c1} (Linie SK), die mehrfache Perlit-Austenitumwandlung erleichtert die Einformung des Korngrenzenzementits. Infolge der kurzen Haltezeiten über A_{c1} geht der Streifenzementit nicht vollständig im Austenit in Lösung. Die Kristallreste wirken als Keime und führen zur feinkörnigen, kugeligen Zementitausbildung.
    b) mehrere Stunden, etwa 2 ... 4,
       je nach Größe der Teile

    c) 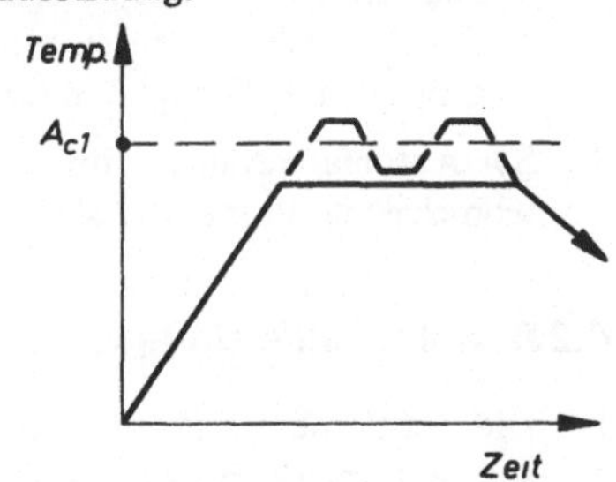

3   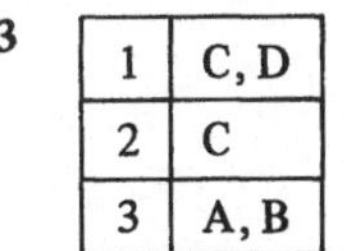

1	C, D
2	C
3	A, B

4.2.4 Spannungsarmglühen

1 a) Schrumpfspannungen entstehen durch behinderte Schrumpfung, wenn bei der Abkühlung außenliegende oder dünnwandige Bereiche des Werkstücks wesentlich niedrigere Temperatur besitzen als Kernzonen oder dickwandige Querschnitte. Zuletzt schrumpfende Bereiche werden dadurch unter Zugspannungen gesetzt, die im Gleichgewicht mit den Druckspannungen der anderen Bereiche stehen. (LB, 4.3.4)

Eigenspannungen entstehen durch Kaltumformung. Die Werkstoffteilchen werden dabei nicht gleichmäßig stark verformt. Der elastische Anteil der Verformung geht zurück, wenn die Bearbeitungskräfte verschwinden; dabei tritt ebenfalls eine Behinderung auf.

Umwandlungsspannungen entstehen bei Gefügeänderungen im festen Zustand, wenn sie in einem Querschnitt nicht gleichzeitig stattfinden.

b) Nein, innere Spannungen werden nur bis auf den Betrag der Fließgrenze bei Glühtemperatur abgebaut.

c) Nach Bild a). Die obere zugspannungsdurchsetzte Faser ist durchgetrennt. Es überwiegen die Zugspannungen in der unteren Faser und versuchen sie zu verkürzen.

2 a) unterhalb A_{c1} (Linie *PSK*) im Bereich von 550 ... 650 °C. Es soll keine Gefügeumwandlung eintreten, sondern nur eine Abnahme des Gleitwiderstandes durch die Wärmebewegung (Abnahme der Fließgrenze). Dann liegen die inneren Spannungen über dem Gleitwiderstand und bewirken kleine plastische Formänderungen im Raumgitter.

b) etwa 4 h

c) langsam, damit keine Temperaturunterschiede im Werkstück auftreten, die Ursache für neue Spannungen wären.

3 Schmiede- und Gußteile vor der spanenden Weiterbearbeitung, Schweißteile, Teile mit engen Toleranzen nach der Schruppbearbeitung.

4.2.5 Diffusionsglühen

1 Lösliche Bestandteile sollen möglichst gleichmäßig im Gefüge verteilt werden, um einen homogenen Werkstoff zu erzeugen. Ausgleich von Kristallseigerungen und Inhomogenitäten (Aufkohlungsfehler, LB, 4.5.2)

2 a) So dicht wie möglich unter der Solidus-Linie, etwa 1000 ... 1300 °C. Die Verteilung geschieht durch Platzwechselvorgänge im Raumgitter (Diffusion). Mit steigender Temperatur wächst die Diffusionsgeschwindigkeit, dadurch wird weniger Zeit dafür benötigt (Antwort 1.4.5-13)

b) Aus wirtschaftlichen Gründen längstens 40 h.

c) Starke Grobkornbildung durch Überhitzen und Überzeiten, Randentkohlung durch den Sauerstoff der Ofenatmosphäre.

d) Grobkornbildung durch Normalglühen, Randentkohlung durch Glühen in Schutzgas oder Einpacken in Grauguß- oder Stahlspäne.

3 Bei Automatenstählen mit erhöhtem S-Gehalt, bei legierten Stählen zur Verteilung hochschmelzender Primärkristalle, bei überkohlten Stählen (Verteilungsglühen).

4.2.6 Rekristallisationsglühen

1 Die plastische Verformbarkeit. Dabei wird die Kaltverfestigung aufgehoben, welche durch Kaltumformverfahren im Werkstoff entsteht.

2   (1) eine Kaltumformung, die einen Verformungsgrad von etwa 5 … 10 % überschritten haben muß,

(2) eine Erwärmung auf Temperaturen über der Rekristallisationsschwelle.

3   a) Im Bereich von 550 … 650 °C für Stähle. Steigende Verformungsgrade erniedrigen die erforderliche Glühtemperatur, LE erhöhen im allgemeinen die Rekristallisationstemperatur und damit die Glühtemperaturen   (LB, 1.3.8)

b) Rekristallisations-Schaubild, Korngröße als Funktion der Glühtemperatur und des Verformungsgrades   (LB, Bild 1.36)

c) Das Rekristallisationsgefüge ist grobkörnig, wenn die vorangegangene Kaltverformung nur gering oder die Glühtemperatur zu hoch war.

d)
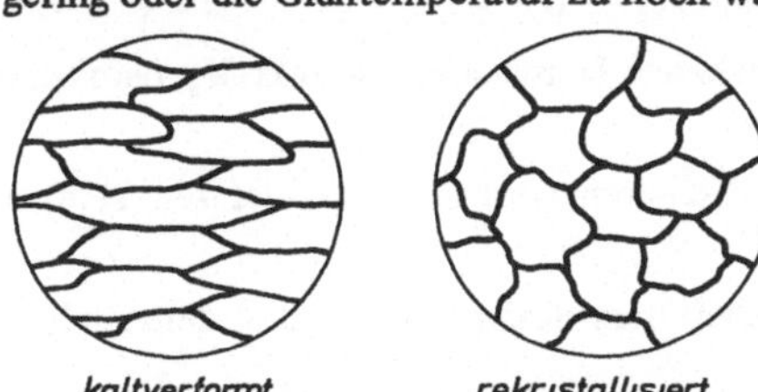

4   Kaltgeformte Fertigteile und Halbzeuge wie z.B. Feinblech, Draht, Präzessionsstahlrohr, deren Fließfähigkeit vor dem Erreichen der Endabmessung durch die Kaltverfestigung erschöpft ist (Zwischenglühen).

4.3 Härten und Vergüten

1   Härten: Vorwiegend Werkzeugstähle sollen hohe Härte erhalten. Die Zähigkeit muß dem Verwendungszweck ausreichend angepaßt werden, deshalb nach dem Abkühlen Anlassen bei niedrigen Temperaturen.

Vergüten: Vorwiegend Konstruktionsstähle sollen hohe Zähigkeit bei erhöhter Streckgrenze erhalten, deshalb nach dem Abkühlen ein Anlassen auf höhere Temperaturen.

4.3.1 Innere Vorgänge

1   a) Haltepunkte A_{r3} und A_{r1} werden zu tieferen Temperaturen verschoben (Hysterese). Dadurch wird die Kohlenstoffdiffusion behindert.

b) Die C-Atome können nur noch kleinste Wege zurücklegen, dadurch werden Ferrit und Zementit immer feinstreifiger. Große Abkühlungsgeschwindigkeiten ($> v_k$) führen zur diffusionslosen γ-α-Umwandlung: Martensitbildung.

c)

	Austenit zerfällt bei Abkühlung durch			
	Ofen	Luft	Bleibad	Wasser
Austenit 0,4 % C	Ferrit + Perlit	wenig Ferrit + Perlit	dicht-streifiger Derlit	Martensit

2 ein möglichst reines Martensitgefüge ohne Perlit

3 a) Es ist die Abkühlungsgeschwindigkeit, die im Werkstück überschritten werden muß, um die Perlitbildung zu verhindern.

b) Keine vollständige Martensitbildung; im Gefüge entstehen äußerst dichtstreifige Perlitflecken (Weichfleckigkeit).

4 a) Martensit ist ein durch C-Atome tetragonal aufgeweitetes Ferritgitter.

b) Infolge der Gitterverzerrung gehen die Gleitebenen des krz. Gitters verloren. Der Versuch, ein Abgleiten zu erzwingen, erfordert große Kräfte, führt aber zum Trennungsbruch.

c) Je mehr Gitterzellen verzerrt sind, umso größer ist die Härte. Deshalb steigt sie mit dem C-Gehalt an, aber nur bis zu einem Maximum bei etwa 0,8 % C   (LB, Bild 4.16)

5 Er bleibt als unterkühlter Austenit bis zu einem neuen Umwandlungspunkt M_s, dem Startpunkt der Martensitbildung, bestehen.

6 Der C-Gehalt des Stahles. Mit steigenden C-Gehalten wird M_s nach tieferen Temperaturen verschoben.

7 Nein, sie erfolgt im Temperaturbereich zwischen dem Startpunkt M_s und dem Endpunkt der Martensitbildung M_f.

Die Anwendung der Phasenregel auf den M_s-Punkt ergibt:

$f = n - p + 1$; $n = 2$ Komponenten, Fe und C

$\qquad\qquad\qquad p = 2$ Phasen, Austenit und Martensit

$f = 2 - 2 + 1 = 1$ Freiheitsgrad (Temperaturänderung)

8 a) keine vollständige Martensitbildung. Das Gefüge enthält Restaustenit,

b) geringere Gesamthärte.

9 Durch Tieftemperaturbehandlung unmittelbar nach dem Abkühlen.

10 Wiedererwärmen eines abgekühlten Stahles auf Temperaturen zwischen 150 °C und 650 °C je nach Stahlart und Verwendungszweck des Werkstückes.

11 Dem zunächst glasharten Stahl wird die dem Verwendungszweck angepaßte Mindestzähigkeit zurückgegeben.

12 Zunehmendes Ausdiffundieren der C-Atome aus dem Martensitgitter, sie erscheinen als Carbidteilchen mit zunehmender Korngröße im Gefüge. Dadurch Abnahme der Gitterverzerrung ·und der inneren Spannungen.

13 a) Mit steigender Anlaßtemperatur sinken Festigkeit und Härte auf die Werte des normalisierten Zustandes ab.

b) Anstieg der Kerbschlagzähigkeit bis zu einem Maximum im Bereich von 500 ... 600 °C (Anlaßtemperatur der Vergütungsstähle).

c) Zunahme der Bruchdehnung A_5 (LB, Bilder 4.14; 4.22)

14 LE erschweren die Diffusion der C-Atome. Es werden höhere Anlaßtemperaturen und -zeiten benötigt als bei unlegierten Stählen.

4.3.2 Verfahren

1 Erwärmen, Abkühlen, Anlassen

2 a) Dicht über A_{c3} (Linie *GS*); vollkommene Umwandlung in Austentit erforderlich (Austenitisierung), Ferrit muß eingeformt werden, sonst Weichfleckigkeit. Höhere Temperaturen führen zu Kornwachstum und ergeben einen grobnadeligen Martensit.

b) Dicht über A_{c1} (nach evtl. Weichglühen); vollkommene Umwandlung in Austenit nicht erwünscht, da überperlitische Stärke mit steigendem C-Gehalt nach dem Abkühlen zunehmend Restaustenit enthalten, dadurch geringe Gesamthärte   (LB, Bild 4.16)

3 Die Umwandlung des unterkühlten Austenits in Perlit

4 a) Die Zerfallsneigung des Austenits wird mit sinkender Temperatur immer *größer*, die Diffusion der C-Atome jedoch immer *kleiner*. Die gegenläufigen Einflüsse führen zu einer maximalen Umwandlungsgeschwindigkeit bei etwa 550 °C   (LB, Bild 4.18)

b)

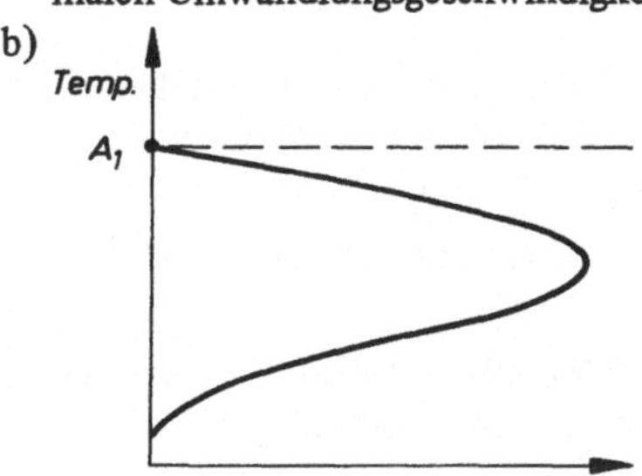

5 Die Abkühlungsgeschwindigkeit des Abkühlmittels muß bei jeder Temperatur größer sein als die momentane Umwandlungsgeschwindigkeit des unterkühlten Austenits.

6 LE, die im Austenit in Lösung gehen, setzen die Umwandlungsgeschwindigkeit herab, da sie die Diffusion der C-Atome behindern. Dadurch darf die Temperatursenkung langsamer erfolgen, ohne daß sich Perlit bildet.

7 a) Zusätze können die Abkühlwirkung sowohl milder als auch schroffer machen. Erwärmung des Abkühlmittels ergibt mildere Wirkung.

b) Luft unbewegt, Luft bewegt, Salzschmelzen, Metallschmelzen, Öle, Wasser mit Zusätzen, reines Wasser.

8

Phase	Vorgänge am Werkstück	Wärmeentzug		Begründung
		hoch	gering	
1	Bildung eines Dampfmantels		X	Dampfmantel isoliert, geringe Wärmeleitung
2	Kochperiode, Ablösen von Dampfblasen	X		Dampfblasen benötigen Verdampfungswärme
3	Dampfentwicklung beendet		X	Wärmeleitung bei geringer Temperaturdifferenz

9 Unmittelbar im Anschluß an das Abkühlen, um Härteverzug oder Rissen vorzubeugen; Haltedauer auf Anlaßtemperatur etwa 2 h

10 Anlaßtemperatur und -dauer

11 Bei Anlaßtemperatur = Arbeitstemperatur würde ein längeres Arbeiten mit dem Werkzeug weitere Diffusionsvorgänge bewirken, dadurch weiterer Abfall der Härte → höherer Verschleiß des Werkzeuges → Maßänderungen des Werkstückes.

12 durch die Anlauffarben

13 im allgemeinen langsam, um Wärmespannungen zu vermeiden
Ausnahme: einige legierte Stähle, die eine schnelle Abkühlung von der Anlaßtemperatur erfordern   (LB, 4.3.5, Anlaßsprödigkeit)

4.3.3 Durchhärtung

1 5 ... 7 mm. Die kritische Abkühlungsgeschwindigkeit kann bei unlegierten Stählen nur bis zu dieser Tiefe überschritten werden. Aus dem Kern des Teilens kann die Wärme nicht so schnell abfließen, da Eisen nur eine bestimmte Wärmeleitfähigkeit besitzt.

2 Höhere Härtetemperaturen; Verwendung von Abkühlmitteln mit angepaßter Abkühlwirkung, Verwendung legierter Stähle.

3 Durch den Salzgehalt wird die Kochperiode des Kühlmittels verlängert, dadurch wird mehr Wärme entzogen: v_{krit} wird auch in tieferen Schichten noch überschritten.

4 Wärmespannungen werden durch die größeren Temperaturunterschiede im Werkstück auch größer: Härteverzugsgefahr; mangelhaft gereinigte Teile können korrodieren.

5 a) Die Umwandlungsgeschwindigkeit Austenit/Perlit nimmt ab; die Perlitstufe wird zu tieferen Temperaturen verschoben; bei hohen Le-Gehalten unterbleibt die Perlitbildung auch bei langsamster Abkühlung: martensitische Stähle.
b) Mit steigenden LE-Gehalten nimmt die Einhärtungstiefe zu.

6 (1) Der Gehalt an LE darf bei genormten Stählen in zulässigen Toleranzbereichen schwanken, z.B. bei unlegiertem Vergütungsstahl C 45: Man von 0,5 ... 0,8 % und Si von 0,15 ... 0,4 %.
(2) Erschmelzungs- und Vergießungsart beeinflussen den Gehalt an nichtmetallischen Einschlüssen. Diese wirken z.T. als Keime für die Perlitbildung. Der reinere Stahl härtet tiefer ein.

4.3.4 Härteverzug und Gegenmaßnahmen

1 a) Wärmespannungen und Umwandlungsspannungen
b) Wärmespannungen entstehen durch behindertes Schrumpfen. Bereits erkaltete Bereiche hindern die noch heißeren am Zusammenziehen, diese sind nach der Abkühlung „länger", stehen damit unter Zugspannungen.
Umwandlungsspannungen: bei unvollständiger Durchhärtung von Werkstücken wird die Randzone martensitisch (Volumenzunahme um 1 %), die Kernzone bleibt perlitisch, Folge: Zugspannungen im Übergangsbereich.
c) Formänderungen erfordern Nacharbeit, wie z.B. Richten oder ein größeres Aufmaß zum Schleifen, damit alle Flächen von der Schleifscheibe voll erfaßt werden (Zahnräder).

2 (1) Anpassung des Kühlmittels an den jeweiligen Stahl. Die Perlitbildung soll *gerade noch* unterdrückt werden; es ist nicht nötig schroffer abzuschrecken.

(2) Unterteilung des Temperatursprunges beim Abkühlen in zwei Abschnitte: gebrochenes Härten, Stufenhärten
1. Stufe: schnelles Durchlaufen der Perlitstufe in einem Abkühlmittel mit hoher Abkühlungsgeschwindigkeit
2. Stufe: langsames Durchlaufen der Martensitstufe in einem Abkühlmittel mit niedriger Abkühlungsgeschwindigkeit

(3) Abkühlung in Vorrichtungen unter starken Einspannkräften.

3 Zuerst entstehen die Wärmespannungen, die von dem unterkühltem Austenit (zäh, kfz. Gitter) ohne Risse abgebaut werden können. Die Umwandlungsspannungen entstehen danach bei der langsamen Martensitbildung, also nicht gleichzeitig.

4

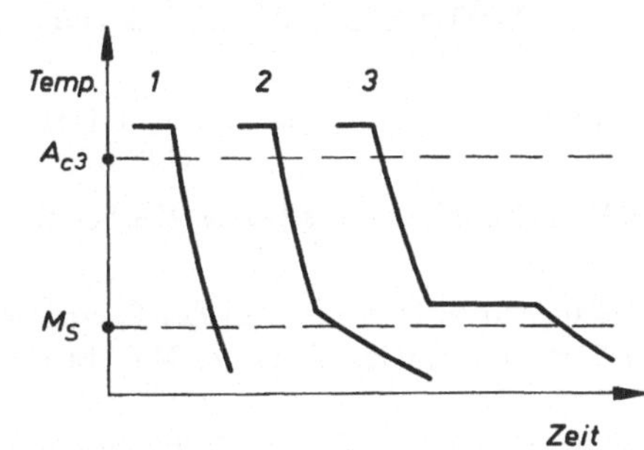

4.3.5 Vergüten

1 größere Zähigkeit und erhöhte Streckgrenze gegenüber dem normalisierten Zustand

2 Damit sich Martensit bildet, müssen mindestens 0,3 % C bei unlegierten Stählen vorhanden sein. Höhere C-Gehalte ergeben größere Zementitanteile im Gefüge, damit zwar hohe Festigkeit, aber eine geringe Zähigkeit.

3 Vergütungsgefüge sind feinkörniger, dadurch erhöht sich *gleichzeitig* Festigkeit und Zähigkeit. Außerdem ist der Ferritanteil mit Kohlenstoff übersättigt, dadurch entsteht zusätzlich Mischkristallverfestigung
(LB, 1.4.6)

4 bis zu etwa 60 mm

5 Es sind unlegierte und niedriglegierte Stähle mit C-Gehalten von 0,25 ... 0,6 % C, dadurch hohe bis mittlere Zähigkeit und Bildung von Martensit beim Abkühlen. Die Maximalhärte wird aber nicht erreicht, LE wie z.B. Cr, Mn, Ni, Si, Mo und V zum Erreichen der Durchhärtung größerer Querschnitte. Mit zunehmenden Querschnitt der Werkstücke steigt der erforderliche Gehalt an LE.

6 Ähnlich wie beim Härten: Erwärmen auf Härtetemperatur, Austenitisierung, Abkühlung in Öl oder Salzbad zur Martensitbildung, Anlassen auf Temperaturen zwischen 450 ... 650 °C in Öfen oder Salzbädern.

7 Achsen, Wellen, Schrauben, Federn, Zahnräder, Ventile

8 Zähe Stähle können örtliche Spannungsspitzen durch geringe plastische Verformungen der rißgefährdeten Bereiche abbauen.

9 Abnahme der Kerbschlagzähigkeit bei einigen legierten Vergütungsstählen (Mn, Cr und Cr + Ni enthaltend) nach dem Anlassen mit nachfolgender langsamer Abkühlung.

Es handelt sich dabei um Ausscheidungsvorgänge (LB, 4.4.3). Sie wird vermieden durch schnelles Abkühlen aus der Anlaßwärme oder durch Verwendung von Mo-legierten Vergütungsstählen, welche keine Anlaßsprödigkeit zeigen.

4.4 Aushärtung

4.4.1 Innere Vorgänge

1 a) Ursache ist die Gitterverzerrung durch den zwangsgelösten Kohlenstoff; dadurch Spannungen und Erhöhung des Gleitwiderstandes im Gitter.

b) Ausscheidung von kleinsten Teilchen innerhalb der Mischkristalle; dadurch Blockierung der Gleitebenen (Gleitblockierung).

2 Das Basismetall muß ein begrenztes Lösungsvermögen für die andere Komponente besitzen, das mit sinkender Temperatur kleiner wird .   (LB, Bild 1.45)

3 der metastabile Zustand der übersättigten Mischkristalle, die durch schnelle Abkühlung aus dem einphasigen Mischkristallgebiet entstehen

4 (1) Raumtemperatur: Diffusion der zwangsgelösten Atome in Fehlstellen des Raumgitters
(2) Erwärmung: Bildung von intermetallischen Verbindungen innerhalb der Mischkristalle, nur elektronenoptisch sichtbar
(3) Erwärmung zu hoch: Vergröberung der intermetallischen Verbindungen durch erhöhte Diffusion, auch Abscheidung an den Korngrenzen, optisch sichtbar

5 Der Abgleitvorgang erfolgt nach dem Prinzip des geringsten Widerstandes:

Kleinste Teilen in *großer* Anzahl blockieren *alle* Gleitebenen; zur plastischen Verformung müssen sie abgeschert werden (Schneidmechanismus); das erfordert große Kräfte.

Gröbere Teilchen in *kleinerer* Anzahl blockieren *nicht alle* Gleitebenen; die Blockierungen werden umgangen (Umgehungsmechanismus); das Abgleiten erfordert kleinere Kräfte.

6 a) Kaltaushärtung: bei einigen Legierungen laufen die Diffusionsvorgänge bei Raumtemperatur genügend schnell ab, es dauert Stunden bis einige Tage .   (LB, Bild 7.2)
b) Warmaushärtung: bei vielen Legierungen dauern die Diffusionsvorgänge bei Raumtemperatur viele Tage oder sind überhaupt unmöglich. Dann wird durch Wärmezufuhr und Halten bei Temperaturen zwischen 130 ... 700 °C je nach Werkstoff die günstigste Teilchengröße erzielt .   (LB, Bild 7.3)

7 Warmaushärtung führt zu *höherer* Festigkeit bei *kleinerer* Bruchdehnung als die Kaltaushärtung.

4.4.2 Verfahren

	Stufe (Name)	Innere Vorgänge (beabsichtigte Änderung)	Verfahren
1	Lösungs-glühen	Sekundärkristalle lösen sich auf, Herstellung eines homogenen Gefüges aus Mischkristallen	Erwärmen und Halten auf Temperaturen oberhalb der Löslichkeitslinie des Zustandsschaubildes
	Abkühlen	keine, Ausscheidung von Sekundär-kristallen muß verhindert werden, Herstellung eines übersättigten Mischkristallgefüges	Abkühlen im Wasser, Warmbad oder Luft je nach Legierungs-typ
	Auslagern	Bildung von intermetallischen Verbindungen in bestimmter Größe, Gestalt und Verteilung als Gleitblockierung	Liegenlassen bei Raumtempe-ratur oder Halten auf höheren Temperaturen. Temperatur und Zeit je nach Legierungs-typ genau einhalten (LB, Bild 7.3)

4.4.3 Bedeutung und Anwendung der Aushärtung

1 Unerwünschte Ausscheidungen von Stickstoff und Kohlenstoff aus dem Ferrit als Zementit und Eisennitrid, besonders bei Thomas-Stählen mit höheren N-Gehalten
Folgen: Abnahme der Kerbschlagzähigkeit, Verschiebung der Übergangstemperatur (LB, Bild 11.22), Abnahme der Bruchdehnung.

2 Beschleunigte Alterung. Begünstigt durch die Gleitvorgänge, können die zwangsgelösten Atome schneller an die Störstellen des Gitters gelangen. Folge: wie Antwort 1.

3 Kombination aus Reckalterung (Frage 1) und Warmauslagern
Prüfmethode zur Feststellung der Alterungsanfälligkeit von Stählen. Bestandteil der Norm DIN 17 100 für Stähle der Gütegruppe 2   (LB, 3.7)

	Frage		Härtung	Aushärtung
4	Welches Gefüge liegt vor?	bei 2	hartes, sprödes Martenstigefüge	weiches zähes Mischkristallgefüge
		bei 5	Anlaßgefüge, weniger hart, zäher	Mischkristallgefüge mit Gleitblockierungen höhere Festigkeit noch zäh
	Wo tritt höchste Härte auf?		bei 2	bei 5
	Wo ist der Werkstoff noch gut verformbar?		bei 1	bei 2
	Wie ist die Härte über dem Querschnitt verteilt?		ungleichmäßig, nach innen weicher	gleichmäßig

4.5 Sonderverfahren zur Randschichthärtung

4.5.1 Allgemeines

1 hohe Zähigkeit im Kern als Sicherheit gegen Sprödbruch; hohe Härte an Berührungstellen, um den Verschleiß niedrig zu halten

2 Kurbel-, Nocken- und Keilwellen, Zahnräder, Kupplungsteile, Kolbenbolzen, Ketten- und Raupengetriebeteile, Führungsbahnen

3 a) Bei beiden Härtearten wird das Volumen vergrößert.
b) Die Lebensdauer wird vergrößert. In der Randschicht entstehen Druckspannungen infolge der Volumenvergrößerung. Dadurch liegt die *resultierende* Spannung *niedriger* als die durch die Betriebskräfte allein auftretenden Zugspannungen: Bauteilfestigkeit erhöht   (LB, 11.5)

4.5.2 Einsatzhärten

1 Randschichthärteverfahren von Stählen, die beim Härten nur eine geringe Härtesteigerung erfahren, dafür zäh bleiben (LB, Bild 4.16), d.h. niedrige C-Gehalte besitzen. Durch Aufkohlung wird der Randzone Kohlenstoff zugeführt. Nach dem Härten wird nur sie martensitisch hart.

2 niedrige C-Gehalte, um die Zähigkeit zu erhalten; niedrige Gehalte an Cr, Mn, Ni und Mo, um die Festigkeit des Kernes zu steigern, damit bei dicken Wanddicken eine Durchvergütung des Kernes möglich wird.

3 Bei größeren Querschnitten ist eine Durchvergütung nur bei höheren Gehalten an LE möglich. Der niedriger legierte Stahl hat nach dem Einsatzhärten auch niedrigere Kernfestigkeit. (Wegen der Stoßbelastung des Rades ist außerdem der zähere Stahl von beiden besser geeignet, LB, Tafel 4.5 Spalte α_k).

4 Diffusion aus der C-reichen Umgebung in die C-arme Randschicht des Werkstückes bis zu max. 0,8 % C. Deshalb Kohlungstemperatur im Austenitgebiet bei etwa 930 °C, wo Austenit ein Lösungsvermögen von über 1 % besitzt. Der Konzentrationsunterschied muß vorhanden sein, damit überhaupt Diffusion stattfindet.

5 der erreichte C-Gehalt der Randschicht; von der Kohlungswirkung des Kohlungsmittel abhängig und carbidbildende LE

6 Temperatur und Zeit, daneben auch das Kohlungsmittel. LE behindern die Diffusion, so daß legierte Stähle längere Aufkohlungszeiten benötigen als unlegierte.

7

Merkmal	Aufkohlung durch		
	Pulver	Gas	Salzbad
C-Träger	Holzkohle mit Zusätzen	Propan	Cyansalze, NaCN
Wärmequelle	gas- oder elektrisch beheizte Öfen		Badwärme
Werkstückgröße	beliebig, bis zur Größe der Einsatztöpfe, -kästen	beliebig, bis Größe der Glühtöpfe	kleine Massenteile
Kohlungstiefe (wirtschaftlich mögliche)	groß	beliebig	klein
besondere Vorteile	billig	schnell, sauber, Kohlungswirkung regelbar	schnell
besondere Nachteile	lange Anheizzeit Staubentwicklung	hohe Anlagekosten	Magengifte, Bäder müssen in Kohlungswirkung überwacht werden

8   (1) teilweises Einhängen in Salzbäder.

    (2) Abdecken der nicht zu härtenden Bereiche durch Lehm oder Pasten.

    (3) Entfernen der aufgekohlten Schicht durch Zerspanen. Hierzu muß dieser Bereich des Werkstückes mit Übermaß gefertigt werden.

9   Wegen der ungünstigen Gefügeausbildung: grobkörniger Kern und grobnadelige Randschicht mit Restaustenit wegen überhitzter Härtung. Folge: Geringere Randhärte und Kernzähigkeit.

10 Abkühlen des Stahles aus der Auskohlungshitze. Energieersparnis. Dafür müssen besondere Feinkornstähle verwendet werden, die weniger zur Bildung von Restaustenit neigen. Nicht für jedes Aufkohlungsverfahren geeignet.

11 Verfahren, bei dem zunächst der Kern und danach der Rand optimal bei der ihrem C-Gehalt entsprechenden Temperatur abgekühlt werden. Vorteil: zäher Kern bei größter Randschichthärte. Nachteil: energie- und zeitaufwendig, größerer Verzug möglich.

12 Abkühlen des Werkstückes von Temperaturen oberhalb:

    a) A_{c3} des Kernwerkstoffes (Kernhärtung), Kern richtig, Randschicht überhitzt gehärtet

    b) A_{c1} des Randwerkstoffes (Randhärtung), Randschicht richtig, Kern überhitzt gehärtet

13 (1) *Weichfleckigkeit* durch ungleichmäßige Aufkohlung von unsauberen Teilen, Entkohlung beim Wiedererwärmen oder bei zu niedriger Härtetemperatur

    (2) *Überkohlung* ist übermäßige Aufnahme von C durch falsches Kohlungsmittel und zu niedrige Temperatur, so daß bei längeren Glühzeiten der Kohlenstoff nicht schnell genug ins Innere diffundieren kann. Folge: Sekundärcarbide in Netzform ergeben erhöhte Sprödigkeit, Gefahr von Schleifrissen

    (3) *Schalenrisse* entstehen beim Abkühlen. Randschicht und Kern haben unterschiedliche Wärmeausdehnungskoeffizienten. Der Übergang vom C-reichen Rand zum C-armen Kern darf nicht zu schroff, d.h. die Übergangszone nicht zu schmal sein.

4.5.3 Nitrieren

1   Durch die Stickstoffzufuhr entstehen in der Randzone Nitride, die als intermetallische Phasen sehr hart, aber auch spröde sind.

2   Stickstoff gelangt *atomar* von außen an das Werkstück und wandert durch Diffusion in die Randschicht ein. Dazu muß die Temperatur erhöht werden.

3   Der Stahl muß sich noch im ferritischen Zustand befinden, d.h. bei Temperaturen unter A_{c1}, damit sich Stickstoff nur wenig im α-Eisen löst, dafür aber mit Fe und den LE Nitride bildet (Verbindungszone von etwa 30 μm). Weitere N-Atome diffundieren tiefer ein und liegen nach Abkühlung als feinstverteilte Nitride vor (Diffusionszone). Sie besitzt einen allmählichen Übergang zum Grundwerkstoff und dadurch gute Verankerung.

4   Die Härte liegt über der des Martensits, bis max. 1500 HV; bessere Korrosionsbeständigkeit, gute Gleiteigenschaften durch geringe Kaltschweißneigung, Warmfestigkeit, aber hohe Sprödigkeit.

5   a) Kernwerkstoff muß eine höhere Streckgrenze besitzen, damit sich bei Punkt- oder Linienbelastungen (Zahnräder) die Randschicht nicht in den weichen Grundwerkstoff eindrückt. Deshalb werden die Teile meist im vergüteten Zustand nitriert.

    b) Sie kann im allgemeinen nicht nachgearbeitet werden, da sie bei Unrundheiten evtl. weggeschliffen wird.

6 Grundsätzlich alle Stähle. Die Härte ist dann am größten, wenn die Stähle Al als LE enthalten. Das ist der Fall bei Nitrierstählen nach DIN 17211. Es sind dies zähe Stähle mit 0,3 ... 0,4 % C und weiteren Gehalten an Cr und Mo, damit sie bei größeren Querschnitten durchvergüten.

7 Sie muß *unterhalb* der Vergütungstemperatur liegen, praktisch bei 500 ... 580 °C, damit während des Nitrierens kein neues Anlassen mit Abfall der Streckgrenze erfolgen kann.

8 *Gasnitrieren* bei 500 °C im Ammoniakstrom ($NH_3 \rightarrow 3N + H$), kein Verzug, da beliebig langsame Abkühlung, für Fertigteile geeignet, Extruderschnecken
Badnitrieren bei 550 ... 580 °C in Cyanid/Cyanat-Schmelzen. Kurzzeitbehandlung für Werkzeugschneiden zur Erhöhung der Standzeit. Für Teile aus unlegierten Stählen mit schneller Abkühlung zur Erhöhung der Dauerfestigkeit (Getriebeteile, Wasserpumpenteile)
Ionitrieren in Vakuum-Stickstoffatmosphäre. Randschichtaufbau ist regelbar, die Schicht ist zäher als die nach anderen Verfahren; weichbleibende Stellen sind günstig abschirmbar.

9 Die Werkstücke brauchen nicht schnell abgekühlt zu werden, da die Träger der Härte, die Nitride, bereits bei der Nitriertemperatur vorhanden sind. Daraus ergibt sich ein wesentlich geringerer Verzug der nitrierten Teile, sie benötigen keine Nacharbeit. Wegen der hohen Härte und geringen Schichtdicke wäre ein Nachschleifen auch ungünstig.

4.5.4 Randschichthärten durch partielles Erwärmen und Abschrecken

1	Frage	Einsatzhärten	Randschichthärten
	a)	C-arme, nicht härtbare Stähle	härtbare Stähle mit 0,35 ... 0,8 % C
	b)	gesamter Querschnitt ist austenitisiert und wird mit v_{kr} abgekühlt	nur die Randschicht ist austenitisiert, Kern ist ferritisch-perlitisch
	c)	zwei Stahlsorten: Rand 0,8 % C, martensitisch; Kern 0,2 % C vergütet	Rand und Kern mit gleichem C-Gehalt; Rand martensitisch, Kern weich oder vergütet

2 Infolge der geringen *Wärmeleitfähigkeit* des Stahles staut sich die Energie in der Randschicht, sie kann nicht so schnell abfließen.

3 a) vom C-Gehalt des Stahles. Zwischen 50 ... 60 HRC
b) *steigender* Gehalt an LE *erhöht* die Einhärtungstiefe und damit auch die Dicke der martensitischen Randschicht
mit *steigendem* Energieangebot/Oberfläche wird die Randschicht *dünner*, welche den austenitischen Zustand erreicht und dann abgeschreckt werden kann
c) durch Induktionshärten mit hohen Frequenzen

4 ein vorgestelltes Cf vor der Kohlenstoff-Kennzahl, z.B. Cf 35

5 a) Über die Induktionsspule läßt sich die 10-fache Energie auf die gleiche Fläche übertragen
b) geringere Verzunderung, auch für dünne Querschnitte geeignet
c) keine Abgase, kürzere Zeiten

6 Stähle für Flamm- und Induktionshärten DIN 17 200
Flammhärtbarer Stahlguß nach SEW 835 mit ähnlichen Zusammensetzungen, Gußeisen und Temperguß bei perlitischem Grundgefüge und feiner Graphitausbildung

4.5.5 Weitere Verfahren zur Herstellung einer verschleißfesten Oberflächenschicht

1 a) OCE-Verfahren
b) Borieren
c) Titancarbid, Titannitrid, Hartchromüberzüge, flammgespritzte Schichten, Auftragsschweißungen

2 Titancarbid mit 5000 HV 0,05

3 *Auftragsschweißen:* Nacharbeit von Gesenken, Panzern von Verschleißkanten an Maschinen der Hartzerkleinerung und des Erdbaues, Straßenbahnschienen in Kurven.
Thermisches Spritzen: Laufflächen von Rädern, Lagerstellen von Walzen und Kurbelwellen

4 Tintancarbid und -nitridschichten zur Erhöhung der Standmenge bzw. Standzeit von Kaltarbeitswerkzeugen und Schneiden. Hartverchromen von Lehren, Auftragsschweißung an Gesenken, Warmscheren und Warmabgratschnitten.

5 Eisen-Gußwerkstoffe

5.1 Übersicht und Einteilung

1

Eigenschaft	Auswirkung
niedrige Schmelztemperatur	Kosten für Schmelzen, Ausmauerungen und Formen sind niedrig
geringes Schwindmaß	Lunkerneigung und Spannungen sind gering
gute Formfüllung	Formgenauigkeit, Oberflächengüte
gute Zerspanbarkeit	Fertigbearbeitung ist kostengünstig

2 Höhere Bauteilfestigkeit (Dauerfestigkeit) durch zweckmäßiges Gestalten mit geringen Kerbwirkungen

3 a)

Gruppe, Kurzzeichen	Gefügemerkmal: *Graphitausbildung*
Stahlguß, GS-	graphitfrei
Gußeisen mit Lamellengraphit GG-	vorwiegend in Lamellenform
Gußeisen mit Kugelgraphit GGG-	fast vollständig in Kugelform
Temperguß GT-	in Flockenform (Temperkohle) nach Glühung
Sonderguß: alle Werksotffe, die sich nicht oben einteilen lassen	

b)

Härte und Festigkeit *steigen* →

Gefüge-merkmal:

| Ferrit | | Perlit | | Vergüt.-Gefüge | | Ledeburit |

Grundgefüge   Zähigkeit *sinkt* →

5.2 Stahlguß

1 nach dem Elektrostahlverfahren im Lichtbogenofen

2 Gußteile müssen gasblasenfrei vergossen werden, da sie nicht durch Schmieden oder Walzen weiterverformt werden. Nur dabei würden Gasblasen verschweißen (LB, 3.6.4)

3 Normalisieren — Spannungsarmglühen. Rohguß hat grobnadeliges Primärgefüge (Widmannstättensches Gefüge) mit geringer Kerbschlagzähigkeit (LB, Bild 4.3 und Tafel 4.1)

4

Eigenschaft	Auswirkung
hohe Schmelztemperatur	hohe Energie- und Formstoffkosten, Verschleiß der feuerfesten Ausmauerungen
Schwindmaß 2 %	starke Lunkerneigung erfordert große Eingußtrichter und Steiger → geringes Ausbringen

5   In der gewährleisteten Mindestzugfestigkeit σ_{zB} in N/mm², von der 1/10 des Zahlenwertes in der Kurzbezeichnung enthalten ist. Der Bereich der Festigkeiten reicht von 370 ... 690 N/mm².

6   Warmfester Stahlguß, nichtrostender Stahlguß, hitzebeständiger Stahlguß, Vergütungsstahlguß, Stahlguß für Flamm- und Induktionshärtung, kaltzäher Stahlguß

7   wenn bei hoher Festigkeit auch Zähigkeit erforderlich sind (stoßbelastete Teile), oder bei Temperaturen über 300 °C (Heißdampfarmaturen)

5.3 Allgemeines über Gefüge- und Graphitausbildung

1

	Erstarrungsform	C liegt vor als
Stahlguß	metastabil	Zementit (Fe₃C)
Grauguß	stabil	Graphit

2   Fe_3C kristallisiert schneller als Graphit, da die C-Atome beim Austenitzerfall zur Bildung reiner Kristalle größere Wege zurücklegen müssen als zur Bildung von Fe_3C.

3

Erstarrungsform	LE	
stabil (Graphit)	Si	P, Ti, Ni
metastabil (Fe₃C)	Mn	Mo, Cr

4   langsame Abkühlung (bei dickeren Querschnitten) und erhöhter Gehalt an (Si + C)

5

Nr.	Gußwerkstoff
5	ferrit. Grauguß
1	ledeburit. Hartguß
3	Perlitguß
2	meliertes Eisen
4	ferrit.-perlit. Grauguß

6   Abhängigkeit der Gefügeausbildung von der Wanddicke eines Gußteiles. Dünne Querschnitte kühlen schneller ab als dicke, so daß in dünnwandigen Bereichen und auch in den Randzonen die Erstarrung in Richtung metastabiler Gefüge verläuft (härter), während dickwandige Bereiche und Kernzonen stabil erstarren (weicher)   (LB, Bild 5.6)

7

Graphitausbildung wird	feiner
Zähigkeit	steigt
Festigkeit	steigt
plastische Verformbarkeit	steigt

8   Die kompakten Graphitkugeln stören den Verlauf der Kraftlinien am wenigsten, die flockige und lamellare Form zunehmend stärker.

9   Ursache ist die unterschiedliche Graphitausbildung bei verschiedenem Abkühlungsverlauf. Weil die Härtemessung durch Druckbeanspruchung erfolgt, wirkt sich die Graphitgröße und -form wenig aus. Die Zugfestigkeit wird durch Zugbeanspruchung ermittelt. Feinere Graphitteilchen mindern sie weniger als grobe.

5.4 Gußeisen mit Lamellengraphit (GG)

1   a) GG-20 DIN 1691. Zahl ist 1/10 der Zugfestigkeit σ_{zB} in N/mm²; sie wird mit Zugproben ermittelt, die aus getrennt mitgegossenen Probestäben von 30 mm Durchmesser gefertigt werden.
   b) Zugfestigkeiten von 100 ... 400 N/mm² in 7 Sorten um je 50 N/mm² gestuft

2

Eigenschaft	gut	schl.	Begründung
Gießbarkeit	X		naheutektische Legierung mit niedriger Gieß- temperatur und kleinem Schwindmaß (1 %)
Zerspanbarkeit	X		Graphitlamellen sind Schmierstoff und Span- brecher
Verformbarkeit		X	Kerbwirkung der Lamellen
Druckfestigkeit	X		etwa das 3-fache der Zugfestigkeit
Dämpfung	X		Lamellen dämpfen Körperschall (sinkt mit steigendem Perlitanteil)
Korrosionsbeständigkeit	X		Gußhaut nimmt Si aus Formsand auf: legierter Werkstoff
Notlaufeigenschaften	X		Graphitlamellen als Festschmierstoff, Perlitanteil übernimmt Tragfunktion, verschleißarm

5.5 Gußeisen mit Kugelgraphit (GGG)

1   a) durch eine Impfung der Schmelze in der Gießpfanne mit Mg-Legierungen. Wegen der starken Reaktionsfähigkeit des Mg kann es nicht rein, sondern nur an Ni oder FeSi legiert verwendet werden. Es muß ein Rest von Mg in der Schmelze zurückbleiben. Deshalb Son- derroheisensorten mit wenig S-Gehalt, die frei von As, Pb, Ti sein müssen und auch nur geringste Anteile an Carbidbildern (Cr, Mo) enthalten dürfen.
   b) sphärolithisches Gußeisen, Sphäroguß, duktiles Gußeisen

2   a) GGG-40 DIN 1693
   b) Zugfestigkeiten von 350 ... 800 N/mm² in 7 Sorten. Davon sind 2 mit gewährleisteter Kerb- schlagzähigkeit (GGG-35.3 und GGG-40.3)
   c) durch das Grundgefüge, das von rein ferritisch über ferritisch-perlitisch bei den höheren Festigkeiten in rein perlitisch übergeht

3   *Zugfestigkeit* σ_{zB}. Der Bereich der GGG-Sorten beginnt, wo die GG-Sorten enden.
   Bruchdehnung. Zähigkeit liegen wesentlich höher; bei 2 Sorten ist die Kerbschlagzähigkeit gewährleistet (DVM-Probe bei $-40\ °C$)
   *Dämpfung*seigenschaften liegen niedriger als bei GG, sind jedoch besser als bei GS.

4   für Teile mit *komplizierter* Gestalt (GS scheidet wegen der starken Schrumpfung und schlech- ten Formfüllung aus), die eine gute *Zähigkeit* haben müssen, z.B. bei Stoßbelastungen (GG scheidet aus) und deren *Masse* oder *Wanddicken* für Temperguß zu *groß* sind (max. etwa 100 kg, damit der Rohguß graphitfrei erstarrt)

5.6 Temperguß (GTS und GTW)

1 a) ein untereutektisches Gefüge (Ledeburit mit Perlit)
   b) Der Si + C-Gehalt der Schmelzen liegt bei etwa 4 %. Damit ergibt sich aus dem Gefügeschaubild (LB, Bild 5.3) auch bei Wanddicken unter 6 mm ein ledeburitisches Gefüge.
   c) Bei größeren Wanddicken und Massen verläuft die Abkühlung langsam. Es besteht die Gefahr von Graphitausscheidungen, deren lamellare Form auch beim Tempern bestehen bleibt. Damit lassen sich die hohen Festigkeits- und Dehnungswerte des Tempergusses nicht erreichen.

2 a) Dünne Querschnitte werden vollständig entkohlt: Ferrit. Querschnitte über etwa 8 mm haben *ungleichmäßigen* Gefügeaufbau: Randzone entkohlt, ferritisch; Kern perlitisch mit Temperkohle (Flockengraphit). Dazwischen liegt eine Übergangszone, ferritisch-perlitisch mit Temperkohle.
   b) Durch Tempern (Glühen 1000 °C/60 h in oxydierend eingestellter Ofenatmosphäre). C-Atome der Randzone verbrennen zu CO_2; aus dem Kern diffundieren ständig neue in die entkohlte Randzone nach.

3 a) Ein *gleichmäßiges* Gefüge mit Temperkohle in ferritischer oder perlitischer Grundmasse.
   b) Durch Glühen 950 °C/20 h mit verschiedenartiger Abkühlung. Beim Glühen zerfällt Fe_3C in $3 Fe + C$. Die C-Atome bilden flockige Graphitkristalle = Temperkohle. Die Umwandlung des Austenits wird von der Abkühlungsart beeinflußt.

4 a) Z.B. GTS-35 DIN 1692 für nicht entkohlend geglühten (schwarzen) Temperguß; GTW-35 für entkohlend geglühten (weißen) Temperguß.
   b) Zugfestigkeiten von 350 ... 700 N/mm²
   c) Für Verbundkonstruktionen mit Walzstahl, dazu muß sie schweißbar sein. Die Sorte läßt sich tief entkohlen, so daß die Schweißzone nicht aufhärtet und ohne Wärmebehandlung bleiben kann.

5 Das Grundgefüge entsteht durch die Abkühlung des Austenits, d.h. zunächst Ausscheidung von C-Atomen durch die abnehmende Löslichkeit, dann durch den Austenitzerfall (γ-α-Umwandlung).

Gefüge (+ Temperkohle)	Abkühlungsverlauf	Festigkeit	Beispiel
Ferrit	langsam (Ofen)	niedrig	GTS-35
Perlit	schnell (Luft)	mittel	GTS-55
Perlit, körnig	schnell + Weichglühen	niedrig	GTW-45
Vergütungsgefüge	schnell (Öl) + Anlassen	hoch	GTS-70

6 In der Kfz.-Industrie: Kurbelwellen, Bremstrommeln, Schaltgabeln, Kardangabelstücke, Ausgleichsgetriebegehäuse für LkW, Kreiskolben für Wankelmotor, Federböcke, Bremsträger, Gelenkflansche für Vorderradaufhängung, Lenkgehäuse.

6 Legierte Stähle

6.1 Allgemeines

1 *Höhere Beanspruchungen* (Spannungen), wenn bei Leichtbauweise kleine Querschnitte angestrebt werden;
Temperaturen über 200 °C oder unter −40 °C;
Korrosionsangriff durch Industrieluft, Meerwasser oder agressive Chemikalien;
Verschleiß durch Erze, Gestein an Maschinen oder durch die Bearbeitung von Werkstoffen in Werkzeugen.

2 Festigkeiten, besonders auch bei höheren Temperaturen; Kerbschlagzähigkeit, besonders bei tiefen Temperaturen; Schweißeignung, Härtbarkeit, Verformbarkeit, Korrosionsbeständigkeit.

6.2 Einfluß der Legierungselemente auf das Gefüge und das EKD

1 a) Die gelösten LE erhöhen die geringe Festigkeit des Ferrits durch Verzerrung der Gleitebenen: Mischkristallverfestigung. Die Verformbarkeit wird dabei nur geringfügig verschlechtert.
b) Der Punkt S des EKD (eutektoider Punkt) wandert mit steigenden Anteilen der LE nach links, d.h. es sind bereits bei C-Gehalten *unter* 0,8 % rein perlitische Gefüge möglich.

2 a) Mo, V, W, Cr, Ti, Ta, Nb.
b) Es bilden sich intermetallische Verbindungen Metall-Kohlenstoff aus; sie heißen Carbide. Mischcarbide setzen sich aus zwei oder mehr Metallen mit Kohlenstoff zusammen.
c) Gitter mit komplizierter Elementarzelle, damit ohne Gleitmöglichkeiten. Sie sind hart und spröde (Metallide) (LB, 1.4.8)

3 Für Werkzeugstähle aller Arten. Als harte Gefügebestandteile ergeben sie höhere Verschleißfestigkeit, d.h. höhere Standzeiten bzw. Standmengen.

4 Bei hohem C-Gehalt muß auch der Gehalt an diesen LE hoch sein, damit ein Teil davon für die Verfestigung des Ferrits übrig bleibt. Beispiel: Kaltarbeitsstahl X 210 Cr 12 mit 2,2 % C und 12 % Cr.

5 a) Mn, Ni, Co, N, Zn,

b) 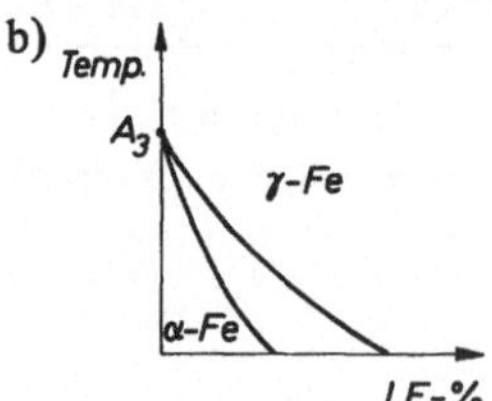

c) Es ergeben sich Stähle, die bei Raumtemperatur noch das kubisch-flächenzentrierte Gitter (Austenit) besitzen und deshalb austenitische Stähle genannt werden, sehr gute Verformbarkeit, niedrige Streckgrenze, stark kaltverfestigend, unmagnetisch, korrosionsbeständig, kaltzäh.

d) Durch Abschrecken der Stähle aus Temperaturen, bei denen sie rein austenitisch sind (Austenitgebiet des jeweiligen Zustandsschaubildes). Es entsteht ein unterkühlter, damit metastabiler Austenit, der beim Wiedererwärmen dem stabilen Gefügezustand zustrebt.

e) Die austenitischen Stähle haben ihren Gefügezustand durch Abschrecken aus dem Austenitgebiet erhalten (sie müßten sonst viel höher legiert sein, was aus Kostengründen unmöglich ist). Dadurch sind sie metastabil. Bei Kaltumformung (Wandern von Versetzungen) bildet sich teilweise Martensit durch die γ-α-Umwandlung ohne Diffusion der C-Atome. Das führt zu starker Blockierung der Gleitvorgänge.

6 a) Cr, Si, Mo, V, Ti, W, Al,

b)

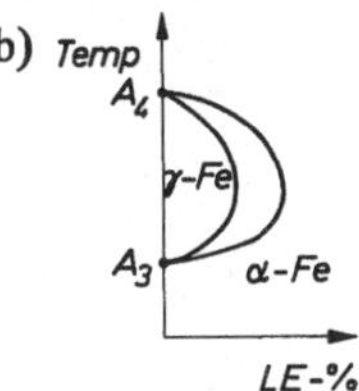

c) Es ergeben sich Stähle, die bei der Erstarrung kubisch-raumzentriert kristallisieren (ferritisch) und dieses Gefüge ohne Umwandlung bis Raumtemperatur behalten und deshalb ferritische Stähle genannt werden; geringer verformbar; warmfest, z.T. auch hitzebeständig (zunderfest); korrosionsbeständig; magnetisch, teilweise mit besonderen magnetischen Eigenschaften; kaltspröde

d)

Gefüge	C %	Cr %	korr.-best. ja	korr.-best. nein	härtbar ja	härtbar nein	Werkzeug-	Baustahl
ferritisch	< 0,1	hoch	X		X			X
ledeburitisch	≈ 2	hoch		X	X		X	
unter- bis über- perlitisch	0,2–1	hoch	X		X		X	X
unterperlitisch	< 0,5	niedr.		X	X			X
überperlitisch	< 1,5	niedr.		X	X		X	

7 Nichteisenmetalle

7.1 Allgemeines

1   a) Mg, Ti, Al, Fe,   b) Al, Fe, Mg, Ti

2

Dichte niedrig	Al, Mg
Schmelzpunkt niedrig	Sn, Pb
Elektrische Leitfähigkeit	Cu, Ag
Korrosionsbeständigkeit	Cu, Ni
Hitzebeständigkeit	W, Cr

7.2 Bezeichnung der Ne-Metalle und Legierungen

1   Chemisches Symbol mit angehängter Zahl, welche den Metallgehalt in Prozenten angibt. Die Differenz zu 100 % ist der Anteil an Verunreinigungen.

Al 99,9: Reinaluminium mit 99,9 % Metallgehalt und 0,1 % Fremdstoffen, genauere Angaben nach DIN-Norm.

2   Chemische Symbole von Basismetall und Hauptlegierungselementen (LE) nach fallenden Anteilen. Nach jedem LE-Symbol folgt dessen Gehalt in Prozenten, das Basismetall wird nicht angegeben. Wenn keine Verwechselung möglich ist, kann Prozentangabe von LE wegfallen.

CuAl 10 Ni: Kupfer-Aluminiumlegierung (Aluminiumbronze) mit 10 % Al und geringeren Anteilen Ni

CuNi 25 Zn 15: Kupfer-Nickel-Zinklegierung (Neusilber) mit 25 % Ni und 15 % Zn

Genaue Analysen und Toleranzen nach der jeweiligen DIN-Norm

3   Sie gibt die im Halbzeug durch Kaltverfestigung erreichte Zugfestigkeit an, d.h. die Zahl muß mit ≈ 10 multipliziert werden, um die Zugfestigkeit in N/mm^2 zu erhalten   (LB, 3.8.2)

4   *Knetlegierungen:* meist homogenes Gefüge, gute Kalt- und/oder Warmformbarkeit, schlecht zerspanbar, deshalb spezielle Automatenlegierungen mit Pb-Zusätzen;
Gußlegierungen: meist heterogenes Gefüge, gute Zerspanbarkeit. Gute Gießbarkeit durch eutektische oder ähnliche Zusammensetzung.

5   a) Sandguß G-; Kokillenguß GK-; Druckguß GD-; Schleuderguß GZ-; Strangguß GC-
   b) Mit steigender Abkühlungsgeschwindigkeit ergibt sich schnellere Erstarrung mit feinkörnigerem Gefüge, dadurch steigen die Festigkeit *und* Bruchdehnung.
   Eine Ausnahme bildet Druckguß; hierbei werden beim Einspritzen des Metalles Oxidhäutchen und Gasbläschen im Gefüge eingeschlossen, welche zu *geringerer* Bruchdehnung führen   (LB, 7.3.4, Beispiel)

7.3 Aluminium

7.3.1 Vorkommen und Gewinnung

1   a) Bauxit mit Aluminiumoxid Al_2O_3 (etwa 60 %) sowie Eisenoxid Fe_2O_3 und Siliciumdioxid SiO_2 als Begleiter

110

b) Bayer-Verfahren:

Umwandlung des Al_2O_3 durch Natronlauge in eine *wasserlösliche* Verbindung Natrium-alumininat $NaAlO_2$;

Filtern, um die unlöslichen Bestandteile Fe_2O_3 und SiO_2 abzutrennen;

Auskristallisation von Aluminiumhydroxid $Al(OH)_3$;

Filtern und Waschen, um Kristalle und Lösung zu trennen;

Glühen zum Trocknen und Umwandlung des Hydroxids in das Oxid

c) reine Tonerde, Aluminiumoxid Al_2O_3

d) Schmelzflußelektrolyse in Wannenöfen, Graphitblöcke als Anode, Al-Schmelze als Kathode, darüber Schmelze aus Kryolith und Aluminiumoxid als Elektrolyt.

2   Die reine Tonerde Al_2O_3 bildet mit Kryolith Na_3AlF_6 ein eutektisches System. Bei 950 °C ist eine Zusammensetzung von Kryolith mit etwa 5 % Al_2O_3 im schmelzflüssigen Zustand.

3   Die molare Masse von Al_2O_3 beträgt $2 \cdot 27 + 3 \cdot 16 = 102$ g/mol, darin sind 54 g Al enthalten. Bildungswärme = Reduktionsarbeit W

$$W = \frac{16{,}7 \cdot 10^5 \text{ J}}{54 \text{ g}} \; ; \quad 1 \text{ J} = 1 \text{ Ws} = \frac{1}{3600} \text{ Wh} = \frac{10^{-3} \text{ Wh}}{3{,}6}$$

$$W = \frac{16{,}7 \cdot 10^5 \cdot \dfrac{10^{-3} \text{ Wh}}{3{,}6}}{54 \text{ g}} \quad 1 \text{ Wh} = \frac{1}{1000} \text{ kWh} = 10^{-3} \text{ kWh}$$

$$W = \frac{16{,}7 \cdot 10^2 \cdot 10^{-3} \text{ kWh}}{54 \cdot 3{,}6 \cdot \text{ g}} \quad 1 \text{ g} = \frac{1}{1000} \text{ kg} = 10^{-3} \text{ kg}$$

$$W = \frac{16{,}7 \cdot 10^2 \cdot 10^{-3} \text{ kWh}}{54 \cdot 3{,}6 \cdot 10^{-3} \text{ kg}}$$

$$W = 8{,}59 \frac{\text{kWh}}{\text{kg}}$$

Es sind 8,6 kWh erforderlich, um 1 kg Al aus Al_2O_3 zu reduzieren.

7.3.2 Eigenschaften und Anwendung von Reinaluminium

1   a) Niedrige Festigkeit und Streckgrenze, sowie hohe Kaltumformbarkeit (Bruchdehnung).

   b) Al steht in der dritten Gruppe der dritten Periode. Innerhalb einer Periode nimmt der Atomradius nach rechts ab, d.h. links stehen Elemente mit relativ großem Atomradius. Daraus läßt sich auf eine *geringe Dichte* schließen. Die links vom Al stehenden Elemente sind Na (schwimmt auf Wasser) und Mg.

2   a) starke Neigung, Elektronen abzugeben → hohe Affinität zu Sauerstoff → geringe Korrosionsbeständigkeit

   b) Bildung einer Oxidschicht, deren Raumgitter sich dem Atomabstand des Grundwerkstoffes angleicht (Epitaxie). Sie ist dadurch festhaftend und dicht. Bei Verletzung entsteht sie neu und schützt den Werkstoff.

   c) Durch anodische Oxydation (Eloxal- und andere Verfahren); Werkstück wird als Anode eines schwefelsauren galvanischen Bades geschaltet. Der freiwerdende, atomare Sauerstoff erzeugt Schichten von max. 30 μm; sie sind hart (Al_2O_3 = Korund) nichtleitend, saugfähig, färbbar und korrosionsbeständig. (LB, 7.3.3, Oberflächenbehandlung)

d) Stoffe, welche die Oxidschicht auflösen; das sind Laugen und basische Stoffe, ebenso Flußmittel zum Löten und Schweißen.

3 a) Küchen- und Haushaltsgeräte, Tuben
   b) Freileitungen, Kabelmäntel
   c) Bleche und Profile im Ladenbau, Fahrzeugzubehör
   d) Verpackungsfolien, -dosen, Fässer, Tanks

4 Als Reduktionsmittel für hochschmelzende Metalle (Aluminothermie) z.B. Ferrochrom, -vanadin, -molybdän für metallurgische Zwecke im Stahlwerk, Thermit-Schweißverfahren.

7.3.3 Aluminium-Legierungen — Wirkung der Legierungselemente

1 a) Erhöhung der niedrigen Werte von Streckgrenze und Zugfestigkeit
   b) Bruchdehnung (Kaltformbarkeit) und Korrosionsbeständigkeit
   c) Mangan Mn, Magnesium Mg, Silicium Si, Kupfer Cu, Zink Zn

2 a) Es bleibt ein homogenes Gefüge aus Al-Mischkristallen
   b) Zugfestigkeit und Streckgrenze werden erhöht, Bruchdehnung nicht oder nur wenig verringert (LB, Bild 1.33)

3 a) Es entsteht ein heterogenes Gefüge aus Al-Mischkristallen, die gesättigt sind, und intermetallischen Verbindungen mit komplizierten Gittern.
   b) Härte und Zugfestigkeit werden stärker erhöht, Kaltformbarkeit stark verringert bis zur Versprödung.

4 a) In der Spannungsreihe liegen Mg, Mn und Zn in der Nachbarschaft des Al, während Cu weiter rechts auf der Seite der edleren Metalle liegt. Deshalb sind Cu-haltige Al-Legierungen gegen chloridhaltige Lösungen nicht beständig. Die Witterungsbeständigkeit ist gegenüber Reinaluminium herabgesetzt.
   b) Bei der Aufarbeitung von Al-Schrott kann das enthaltene Cu als edles Metall nicht in eine Schlacke überführt werden. Daraus hergestellte Al-Legierungen enthalten deshalb Cu als Verunreinigung und besitzen etwas höhere Festigkeitswerte bei verminderter Korrosionsbeständigkeit.

7.3.4 Übersicht über die Legierungstypen

1

	Gruppe	LE bzw. LE-Kombination
1	Glänzlegierungen	Mg (Cr-arm!)
2	Konstruktionslegierungen nicht aushärtbar	Mn, Mg, MgMn
3	Konstruktionslegierungen aushärtbar	MgSi, CuMg, ZnMg, ZnMgCu

2 a) AlMgSi, b) AlCuMg, AlZnMgCu, c) AlZnMgCu, d) AlZnMg 1

3 Sorten für allgemeine Verwendung; für besondere Verwendung, wenn Korrosionsbeständigkeit oder Oberflächenbehandlung gefordert wird; Sorten mit hohen Festigkeitseigenschaften.

4   a) G-AlSi 12, G-AlSi 10 Mg, G-AlSi 8 Cu 3, G-AlSi 9 Mg

      b) alle Cu-haltigen Sorten

      c) alle G-AlMg- und G-AlMgSi-Sorten

      d) G-AlMg 5, G-AlMg 10 ho

      e) G-AlMg 5 Si

      f) G-Al Si 9 Mg, G-AlSi 7 Mg

      g) G-AlCu 4 Ti, G-AlCu 4 TiMg

7.3.5 Aushärtung der Aluminium-Legierungen

1   a) (1) *Lösungsglühen:* Löslichkeit des Al für LE wird mit der Temperatur größer → Sek. Ausscheidungen gehen wieder in Lösung. → Es entsteht ein homogenes Mischkristallgefüge bei Glühtemperatur.

      (2) *Abschrecken:* Gefüge bleibt noch homogen, Mischkristalle sind jedoch übersättigt. Festigkeit kaum erhöht, Verformbarkeit noch unverändert.

      (3) *Auslagern:* Örtliche Anreicherung der LE im Mischkristall als Gleitblockierung, Vorgang ist zeit- und temperaturabhängig. Festigkeit steigt, Bruchdehnung fällt weniger ab, als bei der Kaltverformung   (LB, 7.3.4, Beispiel)

      Warmauslagern: Bildung submikroskopischer Kristalle der sekundären Kristallarten (intermetallische Verbindungen) deshalb ist die Korrosionsbeständigkeit geringer als bei kaltausgehärteten Legierungen (Bildung von Lokalelementen, LB, 9.3.2).

      b) Auslagern bei tiefen Temperaturen verzögert oder stoppt die Ordnungsvorgänge (Diffusion) und damit den Anstieg der Festigkeit   (LB, Bild 7.2)

2   Für den Diffusionsvorgang sind Zeit *und* Temperatur maßgebend.
Temperatur zu niedrig: lange Auslagerzeit erforderlich, bis die max. Festigkeit erreicht ist
Temperatur zu hoch: sehr kurze Auslagerzeit erforderlich. Festigkeit erreicht nicht den Höchstwert. Geringe Überzeitung läßt Festigkeit schnell abfallen   (LB, Bild 7.3)
Folgerung: Temperatur und Zeit für das Auslagern müssen genau eingehalten werden.

3   Selbstaushärtung: Entstehen von übersättigten Mischkristallen durch die *normale,* vom Fertigungsverfahren her gegebene Abkühlung und die anschließende Festigkeitssteigerung durch Ausscheidungsvorgänge.

      a) Beim Schweißen ausgehärteter Werkstoffe tritt in der Schweißzone eine Entfestigung ein. Bei der Legierung AlZnMg 1 bilden sich infolge der guten Wärmeleitung des Al übersättigte Mischkristalle, die beim Kaltauslagern dem Aushärtungseffekt unterliegen. Dadurch wird nach 1 ... 3 Wochen fast die ursprüngliche Festigkeit erreicht.

      b) Normalerweise *nicht*aushärtbare Gußlegierungen werden durch die Abkühlung nach dem Abguß teilweise (schwankender Gehalt an Verunreinigungen) geringfügig übersättigt und härten noch aus. Härte- und Festigkeitsproben sollen deshalb erst 8 Tage nach dem Abguß genommen werden.

8 Pulvermetallurgie, Sintermetalle

1   Pulvermetallurgie gehört mit *Gießen* und *Galvanoformung* zum Fertigungsbereich *Urformen.*

2   Pulverherstellung, Pressen, Sintern, Kalibrieren (Nachbehandlung)

3   a) $F = pA = 6 \cdot 10^4 \,\dfrac{N}{cm^2} \cdot 4 \; cm^2 = 24 \cdot 10^4 \, N = 240 \; kN$

     b) Preßdruck, Gleitmittel, Teilchenform und plastisches Verhalten des Pulverwerkstoffes

     c) Die Teilchen verklammern sich mechanisch beim Preßvorgang. Das geschieht bei unregelmäßig geformten Teilchen besser als bei kugeligen

     d) durch die maximale Kraft der Presse

4   a) Sintern ist ein Glühen von feinpulvrigen Stoffen, bei dem durch Platzwechsel der Atome die Teilchen über ihre Berührungsflächen hinweg zusammenkristallisieren.

     b) *Rekristallisation:* Neubildung von Kristallkörnern im kaltverformten Bereich der Pulverteilchen. Neue Korngrenzen sind nicht identisch mit den alten Teilchengrenzen.
Diffusion: Durch Platzwechsel von Atomen vergrößern sich die Berührungsflächen der Pulverteilchen   (LB, Bild 8.2)

     c) 1100 ... 1200 °C, legierte Stähle höher

     d) normalerweise nicht. Bei manchen heterogenen Pulvermischungen kann *eine* Phase schmelzen, wie z.B. bei Sinterhartmetall (Wolframcarbid und Kobalt, Kobalt schmilzt) oder Fe-Cu-Pulvern (Cu schmilzt).

     e) Die Dichte steigt von der *Preßdichte* auf die *Sinterdichte,* dabei tritt eine Schrumpfung ein. Cu-legierte Fe-Pulver zeigen kleinere Schrumpfung, die bei höheren Gehalten an Cu in ein Wachsen übergeht   (LB, Bild 8.4)

5   *Kalibrieren* ist ein Nachpressen in einem weiteren Werkzeug. Es ist erforderlich, weil die Volumenänderung beim Sintern von verschiedenen Faktoren abhängt (Preßdruck, Pulverart und Sintertemperatur), damit nicht genau vorauskalkuliert werden kann und dadurch bei kleinen Toleranzen zuviel Ausschuß entstehen würde.

6   a) Praktische *Unschmelzbarkeit* der höchstschmelzenden Metalle mit $F > 2000 \; °C$
Wolfram für Glühlampenwendel und Elektroden, Molybdän für Heizleiter, Oxydkeramische Schneidplatten, Diamantschleifkörper
Unlöslichkeit der Legierungskomponenten im *flüssigen* Zustand ergibt keine homogenen Werkstoffe bei der Abkühlung. Cu-Graphit für Kollektor- und Schleifringstromabnehmer, Cu-W für Schaltkontakte.
Starke *Seigerung* einer Kristallart beim Erstarren. Pulvermetallurgisch wird diese Phase gleichmäßig feinkörnig verteilt und kann außerdem in höheren Anteilen in das Gefüge eingebracht werden.
Carbidanteil in Sinterhartstoff, Schnellarbeitsstählen und Ferro-Titanit. Fe-P-Sinterwerkstoffe.

     b) Unlegierte Pulver, Mischpulver und fertiglegierte Pulver

     c) mit steigender Sinterdichte steigen beide Eigenschaften.

     d) Eine Grobeinteilung erfolgt nach der Raumerfüllung (Gegensatz von Porosität) in Werkstoffklassen Sint-A ... Sint-G und eine Sonderklasse Sint-S, mit Raumerfüllungen von $< 73 \% ... 95 \%$. Innerhalb jeder Klasse werden verschiedene Werkstoffe durch zwei Ziffern unterschieden.

9 Korrosion und Korrosionsschutz

1   Korrosion ist die Reaktion eines metallischen Werkstoffes mit seiner Umgebung, die zu einer Beeinträchtigung seiner Eigenschaften führt.

2   *Chemische* Reaktion: Anlaufen des Silbers in Gegenwart von Schwefel, Zunderung des Stahles beim Glühen in normaler Ofenatmosphäre.
Elektrochemische Reaktion: Rosten des Stahles, Grünspan auf Messing, Patina auf Kupferdächern, weißer Belag auf Aluminium.
Metallphysikalische Reaktion: Werkstoffverlust durch „Lösen" in Metallschmelzen (Formen für Al-Druckguß), Zinnpest (Gitterumwandlung des Zinn in eine spröde Phase).

3   a) Querschnitte werden geschwächt → höhere Spannungen → größere Verformungen → Bruch
b) Oberfläche wird rauher → Dauerfestigkeit sinkt.

4   Lineare Korrosionsgeschwindigkeit v_L (in mm/Jahr oder mm/h) ist die Abtragungsgeschwindigkeit, mit der die Korrosion ebenmäßig in den Werkstoff hineindringt.
Beständigkeit $B = 1/v_L$ (in Jahr/mm oder h/mm) ist die Zeit, die zur großflächigen Abtragung von 1 mm Werkstoff vergeht   (LB, Tafel 9.3)

5   Elektrochemische Reaktionen finden nur bei Gegenwart von Elektrolyten (Wasser) statt; dabei bilden sich Korrosionselemente aus.

6   In einen Elektrolyten (wässrige Lösung von Salzen, Säuren, Basen) tauchen zwei verschiedene Metalle. Die Elektronen für den Stromfluß liefert das unedlere von beiden, welches dabei oxydiert. Das edlere Metall bleibt erhalten.

7   Mit Hilfe der Spannungsreihe der Elemente es ist das von beiden weiter links stehende
                (LB, Tafel 9.1)

8   Galvanische Elemente haben definierte, begrenzte Körper als Anode und Kathode. Der Stromkreis ist zunächst offen. Es fließt kein Strom.
Korrosionselemente sind ständig kurzgeschlossen, als Anode und Kathode wirken Werkstoff- oder Gefüge*bereiche.*

9   a) Konktaktelement, Stahlschraube,
b) Konzentrationselement, unbelüfteter Zwischenraum,
c) Lokalelement, am stärksten verformte Bereiche,
d) Konzentrationselement (Belüftungselement) Zone dicht unterhalb der Wasseroberfläche,
e) Lokalelement, Stahl im Porengrund.

10   Flächenkorrosion, Lochkorrosion, Spaltkorrosion, Kontaktkorrosion, interkristalline Korrosion

11   Spannungsrißkorrosion bei Messing in ammoniakhaltiger Luft und bei austenitischen CrNi-Stählen in Chloridlösungen. Schwingungsrißkorrosion bei allen dynamisch beanspruchten Werkstoffen unter Korrosionswirkung. Die Bauteile sind nicht mehr dauerfest, sondern nur zeitfest, d.h. sie haben bei gleichen Spannungen eine kleinere Lebensdauer als ohne Korrosionsangriff.

12   (1) *Werkstoffänderung:* homogene Gefüge (Mischkristalle), glatte Oberflächen, Spannungsarmglühen

(2) *Korrosives Mittel* ändern: Zusätze zu Beizsäuren, Entzug von gelöstem O_2 oder CO_2 bei z.B. Kesselspeisewasser

(3) *Reaktionsbedingungen* ändern: z.B. Temperatur, Druck oder Geschwindigkeit von korrodierenden Medien. Werkstücke als Kathode einer äußeren Gleichspannungsquelle schalten (kathodischer Schutz).

13 Trennung von Metall und Korrosionsmittel durch ein Trennmittel, d.h. Überzüge, die nach zahlreichen Verfahren aufgebracht werden.

14

Aufbringen aus Schmelzen	Feuerverzinkung, -verbleiung
Thermisch Spritzen	Flamm- und Lichtbogenspritzen von Al 99,5
Plattieren	Guß-, Walz-, Explosiv- und Schweißplattieren
Umwandlungsschichten	Phosphatieren, Chromatieren
Diffusionsschichten	Inchromieren (Cr), Alitieren (Al)
Auskleiden	Streichen oder Spachteln von Gießharz auf Behälterinnenseiten

(LB, Tafel 9.4)

15

Metall	Anode	Kathode	Abtragung bei
Zn	X		X
Fe		X	
Sn		X	
Fe	X		X

10 Kunststoffe

10.1 Allgemeines

1 Kunststoffe sind *amorph* und bestehen aus Makromolekülen von *Nichtmetallen* mit *schwacher* zwischenmolekularer Bindung; einige sind teilkristallin und bilden *Molekül*gitter, *keine* dichte Packung. Es sind *größere* Anteile an Füll-, Farb- und Verstärkungsstoffen möglich.

2 a) C, H, O, N, S, Cl, F, Si

b)

Dichte ρ in kg/dm³	< 1,7	1,7 ... 5	5 ... 10	> 10
	Holz, Kunststoff	Mg, Al, Ti	Fe, Cu, Zn	Pb

c) Da Kunststoffe aus Kohlenwasserstoffen und deren Abkömmlingen bestehen (C hat eine Dichte von etwa 2,2 kg/dm³) und keine dichten Packungen aufweisen, sind sie leichter als die Leichtmetalle.

3 a) Sie bestehen aus chemischen Verbindungen, in denen die Elemente durch Atombindung ihr Energieminimum gefunden haben, d.h. die „Edelgashülle" besitzen.

b) Es sind Nichtleiter, da die Valenzelektronen sämtlich in Elektronenpaaren gebunden sind: Isolationswerkstoffe.

c) Ja, durch den Anteil an C und H werden bei Überhitzung die Makromoleküle gespalten; es entstehen brennbare Gase. Die sog. Brennprobe wird zur schnellen Erkennung des Kunststofftyps angewandt (LB, 10.7)

d) Kunststoffe sind wesentlich biegeweicher als Metalle, d.h. sie haben kleineren E-Modul. Ursache sind die schwachen Bindungskräfte zwischen den Molekülen und das Fehlen der dichten Packung.

4 Kunststoffe bestehen aus ketten- oder netzartigen Makromolekülen von *unterschiedlicher* Größe (Länge). Es kann immer nur eine *mittlere* relative Molekülmasse angegeben werden.

10.2 Die Entstehung der Makromoleküle

1 C-Atome können untereinander Bindungen zu ketten- und ringförmigen Molekülen eingehen; mit steigender Kettenlänge steigen Dichte und Schmelzpunkt der Stoffe. C-Atome können Doppel- oder Dreifachbindungen eingehen. Solche Moleküle sind reaktionsfähig.

2 a) Polykondensation, Phenolformaldehyd PF; Polymerisation, Polyvinychlorid PVC; Polyaddition, Polyurethan PU

b)

	Molekülstruktur	Kunststofftyp	mechanisch-technologische Eigenschaften
1	Fadenmoleküle	Thermoplast	weich, zäh, warmverformbar
2	Raumnetzmoleküle	Duroplast	hart, spröde, nicht warmverformbar

3 a) Es wird dabei ein einfacher Stoff (z.B. H_2O) abgespalten (das Kondensat), der dem Polymer entzogen werden muß.

b) Monomere | Polymer

Formaldehyd
CH_2O

Phenol
C_6H_5OH

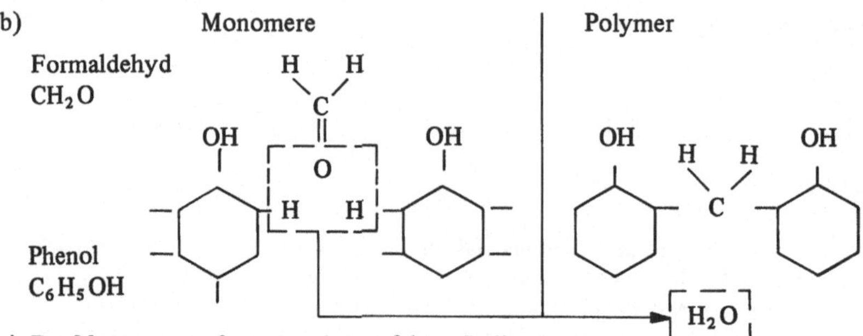

c) Das Monomer muß zwei reaktionsfähige Stellen besitzen.

d) Das Monomer muß mehr als zwei reaktionsfähige Stellen besitzen.

e) Kohlenwasserstoffe mit reaktionsfähige Stellen verknüpfen sich zu Makromolekülen. Dabei wird ein niedermolekulares Nebenprodukt abgespalten, welches abgeführt werden muß, damit die Reaktion vollständig abläuft.

f) Melaminformaldehyd MF, Resopal, Ultrapas, Resamin, Chemoplast;
Polyester, ungestättigt UP, Albertol, Leguval, Palatal, Vestopal;
Polyamid PA, Durethan, Degamid, Trogamid, Ultramid, Vestamid;
Polycarbonat PC, Makrolon, Sustonat.

4 a)

b) Anzahl der Monomer-Bausteine in einem Makromolekül. Wegen der unterschiedlichen Molekülgrößen ist es ein Mittelwert.

c) Linear gebaute Ketten und solche, bei denen die Seitenketten einseitig angeordnet sind (ataktisch). Sie können dichter nebeneinanderliegen (Kristallisation). Dadurch steigen die Dichte und die zwischenmolekularen Kräfte (Sekundärbindungen); damit bessere mechanische und thermische Eigenschaftswerte.

d) Polymerisation zwischen zwei oder mehr verschiedenen Monomeren. Es entstehen gemischte Kettenmoleküle   (LB, 10.7, Polystyrol)

e) Moleküle mit Doppelbindung verknüpfen sich nach Aufklappen der schwächeren (π-)Bindung zu Makromolekülen. Die Reaktion ist exotherm, es entsteht kein Nebenprodukt.

f) Polyäthylen PE, Lupolen, Hostalen, Vestolen;
Polyvinylchlorid PVC, Hostalit, Trovidur, Astralon;
Polytetrafluoräthylen PTFE, Teflon, Hostaflon;
Polyoxymethylen POM, Delrin, Hostaform, Ultraform.

5 a) Cyanat

Alkohol

b) (1) Beide Monomere müssen zwei reaktionsfähige Gruppen besitzen.
(2) Mindestens ein Monomer muß drei reaktionsfähige Gruppen besitzen.

c) Die Moleküle von zwei Monomeren mit je zwei oder mehr reaktionsfähigen Gruppen verknüpfen sich durch Platzwechsel von H-Atomen zu Makromolekülen. Es wird kein Nebenprodukt abgespalten.

d) Epoxidharze EP, Araldit, Epikote, Lekutherm; Polyurethan PUR, Vulkollan, Moltopren

10.3 Molekülstruktur und Einfluß auf die Eigenschaften

1   a) Die einzelnen „Kettenglieder" (Monomerbausteine) liegen unter dem Tetraederwinkel (109,5°) zueinander, d.h. die Kette ist nicht gestreckt, sondern „zickzackförmig" gebaut.
    b) Die Kettenglieder werden elastisch gestreckt und auch gegeneinander verdreht; dabei treten Rückstellkräfte auf, welche versuchen, die ursprüngliche, gewinkelte Stellung wieder herbeizuführen.

2   Primärbindungen sind starke Elektronenpaarbildungen zwischen den Kettengliedern. Sie sind von der Art des „Bausteins" abhängig. Sekundärbindungen sind schwache abstandsabhängige Kräfte zwischen den Ketten, abhängig von Molekülgestalt (gestreckt, sperrig), Moleküllänge, innerer Ordnung und Temperatur.

3   Im Polymer wirken die konstante starke Primärbindung zwischen den Kettengliedern und die mit der Berührungslänge steigende Sekundärbindung. Anfangs ist diese klein; kurze Ketten gleiten ab. Mit steigender Kettenlänge werden die Sekundärbindungen zwar größer als die Primären, der Bruch erfolgt jedoch jetzt in der Kette selbst, d.h. die erreichbare Zugfestigkeit wird durch die Primärbindungen begrenzt.

4   a)

1	c	B
2	b	A
3	a	C

    b) Durch Energiezufuhr wird die Brownsche Wärmebewegung stärker. Die Abstände der Ketten werden größer und die Sekundärbindungen kleiner. Dann können die Ketten gegeneinander abgleiten.
    c) Bei höheren Temperaturen wird die Molekülbewegung so stark, daß Primärbindungen zerbrechen. Dadurch entstehen niedermolekulare Stoffe (Gase, Flüssigkeiten). Der Werkstoff wird geschädigt, erkennbar an Verfärbungen, Blasenbildung, Verkohlen.
    d) Duroplaste bestehen aus miteinander vermaschten Raumnetzmolekülen, die auch bei höheren Temperaturen sich nicht gegeneinander verschieben können, ohne zu reißen.

5   a) durch Teilkristallisation; möglich bei gleichlangen, linearen Fadenmolekülen und langsamer Abkühlung
    b) lineare, unverzweigte Moleküle und isotaktisch gebaute, d.h. solche mit regelmäßig *einseitig* angeordneten Seitenketten, wie z.B. bei Polyäthylen PE und isotaktischen Propylen PP
    c) verzweigte Moleküle mit sperrigen Seitenketten und ataktisch gebaute Moleküle, d.h. solche mit beidseitig und unregelmäßig angeordneten Seitenketten, wie z.B. Polystyrol PS und Polyvinylchlorid PVC
    d) Metalle kristallisieren 100 %ig in Metallgittern. Kunststoffe können nur teilweise in Molekülgittern kristallisieren, dazwischen liegen amorphe Bereiche. Der Anteil der kristallinen Bereiche kann bis zu 90 % betragen (Kristallisationsgrad).
    e) Mit steigendem Kristallisationsgrad steigen Dichte, Schmelztemperatur, Zugfestigkeit, E-Modul, Beständigkeit gegen Lösungsmittel.
    Es sinken Dämpfung, Schlagzähigkeit, Bruchdehnung, Wärmeausdehnung, Licht- und Gasdurchlässigkeit. Der Schmelzbereich wird kleiner.
    f) Durch eine mechanische Streckung bei der Formgebung tritt eine parallele Orientierung der Ketten ein. In dieser Richtung erhöhen sich Zugfestigkeit und Bruchdehnung beträchtlich. Anwendung bei Folien und Spinfasern.

10.4 Einfluß von Zusätzen

1 Die Einteilung erfolgt nach der Art ihrer Wirkung.

2 a) Stabilisatoren zur Verbesserung der Wärmebeständigkeit und Lichtbeständigkeit beim Herstellen und im Gebrauch; Gifte gegen Mikroben
   b) Wachse als Gleitmittel und zum Entformen
   c) gasabspaltende Stoffe für Schaumstoffe
   d) Holzmehl, Kreide, Quarz- und Schiefermehl
   e) Fasern, Stränge, Gewebe, Matten, Bahnen aus Papier, Textilien, Glas, Asbest, Holz zur Erhöhung von Festigkeit, E-Modul, Zähigkeit, Wärmebeständigkeit, Anisotropie

10.5 Duroplaste

1 a) Mischungen von Kunstharzen im schmelzbaren Zustand mit Zusätzen. Sie haben konstante Verarbeitungseigenschaften (Temperatur, Druck, Zeit), sowie genormte Mindestwerte an mechanischen Eigenschaften, die an Probestäben nachgeprüft werden.
   b) Phenol-Kresolharze PF, Harnstoffharze UF, Melaminharze MF, Polyesterharze UF, Epoxidharze EP
   c) (1) Glasfasern, (2) Gesteinmehle, (3) Fasern, Schnitzel, Bahnen aus Papier, Textilien, Holz oder Glas, (4) Holzmehl

2 a) Abwiegen (evtl. Tablettieren) und Vorwärmen der Preßmasse, Einfüllen in die beheizte Preßform (135 ... 170 °C),
   Pressen mit bis zu 1000 bar,
   Halten bis zum Ende der Polykondensation (Faustwert 1 min/mm Wanddicke),
   Auswerfen bzw. entnehmen, evtl. Nachtempern, um Reste des Kondensats zu entfernen
   b) Hartpapier, Hartgewebe, Kunstharzpreßholz mit längs, kreuzweise oder sternförmig orientierten Faserrichtungen der Furniere
   c) helle Farben, lichtbeständig und geruchlos. Harnstoff-(UF) oder Melaminharz-Schichtpreßstoffe (MF) als Hartpapier DIN 7735, oder auf Span- und Hartfaserplatten (Resopal, Formica, Getalit, Hornitex, Ultrapas u.a.)

3 a) Sie können drucklos und bei Raumtemperatur aushärten.
   b) Fertigung großflächiger Teile möglich, da Formen billig herzustellen sind.

4 a) Glasseide in Form von *Rovings* (Strängen aus parallelen Fäden) hohe Festigkeit aber nur in Faserrichtung, von *Geweben* mit hoher Festigkeit in zwei Richtungen und *Matten* aus regellos verklebten Glasfadenabschnitten mit niedriger Festigkeit nach allen Richtungen (isotrop).
   b) EP härtet ohne Schwindung aus (UP etwa 2 ... 3 %). Dadurch hohe Maßgenauigkeit und bessere Haftung an den Glasfäden; höhere Dauerfestigkeit als UP, aber teurer.

10.6 Thermoplaste (Plastomere)

1 a) Der Elastizitäts- oder der Gleitmodul (Steifigkeit gegen Biegung und Verdrehung)
   b) die Glastemperatur T_g (Einfriertemperatur) nach links und die Fließtemperatur T_f nach rechts

c)

Bereich	mechanischer Zustand	innerer Zustand
I	spröde	völlige Unbeweglichkeit der Ketten
II	thermo-elastisch	Mikro-Brownsche Bewegung der Ketten*glieder*
III	visko-elastisch	Makro-Brownsche Bewegung der Ketten

d) (1) im visko-elastischen, (2) im thermo-elastischen

e) Die Kurve verschiebt sich nach oben, die Glastemperatur nach tieferen, die Fließtemperatur nach höheren Temperaturen, d.h. der kristallisierte Thermoplast ist im thermoelastischen Zustand steifer und hat höhere Formbeständigkeit in der Wärme.

2 a)

Kennlinie	mechanische Eigenschaft	Beispiel
I	hart, spröde, formsteif	PMMA Plexiglas, PS Polystyrol
II	zäh-elastisch, schlagfest	PA Polyamid, ABS, PC Polycarbonat
III	weich, hohe Reißdehnung	PE weich, Elastomere

b) Kennlinie II

3

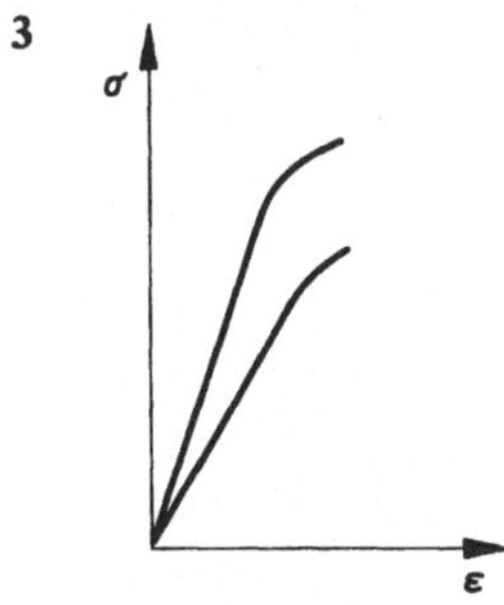

4 a) Das Kriechen, d.h. eine zunehmende Dehnung, die nach einer Zeit zum Bruch führt. Die Zeit hängt von Spannung und Temperatur gegenläufig ab.
Zeitstandzugversuch: Probe unterliegt über lange Zeit einer konstanten Spannung, die veränderliche Dehnung wird gemessen.
Entspannungsversuch: Probe unterliegt über eine lange Zeit einer konstanten Dehnung, die abnehmende Spannung wird gemessen.

b) Kriechmodul: Der E-Modul ist das Verhältnis Spannung:Dehnung. Wenn bei langzeitiger Beanspruchung die Dehnung größer wird, so muß (bei konstanter Spannung) der E-Modul kleiner werden. Dieser veränderliche, zeitabhängige E-Modul wird als Kriechmodul bezeichnet, erkennbar an der unterschiedlichen Neigung der isochronen Spannungs-Dehnungslinien
(LB, Bild 10.18)

5 a) Schnappverbindungen für Abdeckkappen und Spielwaren, Wälzlagerkäfige
Zahnräder und Kupplungsteile haben größere Berührungsflächen durch die elastische Abplattung, dadurch geringere Flächenpressung und weniger Verschleiß.

b) Wanddicken verstärken, Verrippungen anbringen, Strukturschaum verwenden (Sandwichprinzip), glasfaserverstärkte Thermoplaste einsetzen.

6   a) *E*-Modul und Zugfestigkeit steigen 2 ... 3-fach, Dehnung und Zähigkeit sinken, ebenso die Kriechneigung.
    b) Wärmedehnung sinkt auf 1/3, Dauerwärmebeständigkeit um 10 ... 30 °C erhöht.
    c) Fließfähigkeit in der Form wird geringer, Glasgehalte deshalb nach oben begrenzt, meist 30 %.

7   *Spritzpressen* von Formteilen, wie z.B. Küchengeschirr, Gerätegehäuse, Verpackungsbehälter, Getriebeteile
    Extrudieren von Schläuchen, Folien, Platten, Ummanteln von Rohren und Kabeln

11 Werkstoffprüfung

11.1 Aufgaben der Werkstoffprüfung

11.2 Prüfung von Werkstoffkennwerten

1

	Prüfung von/auf	Beispiel
1	Verarbeitungseigenschaften	Faltversuch, Tiefziehversuch
2	Werkstoffkennwerte	Zugversuch, Härteprüfungen
3	Chemische Zusammensetzung/Gefüge	Spektralanalyse, Schliffbild
4	innere Fehler	Ultraschallprüfung, Magnetprüfung

2   Von der Probe will man auf das ganze Werkstück oder Halbzeug schließen. Deshalb muß die Probe an bestimmten Stellen und ohne Veränderung des Gefüges entnommen und weiterbearbeitet werden, d.h. sie darf *keine Erwärmung* oder *Kaltverformung* erleiden.

3   a) Die Belastung wird schnell aufgebracht und danach bis zum Ende des Versuches *konstant* gehalten, oder sie wird langsam bis zum Höchstwert gesteigert.

b) Die Belastung *schwankt* längere Zeit periodisch zwischen zwei Grenzwerten, oder sie ist *schlagartig*.

4   a) Härteprüfungen nach Brinell, Vickers und Rockwell, Zugversuch, Zeitstandversuche

b) Dauerschwingversuche, Kerbschlagbiegeversuch, Rücksprunghärtemessung

11.3 Messung der Härte

1   a) Härte ist der Widerstand des Gefüges gegen das Eindringen eines härteren Prüfkörpers.

b) (1) Die Härte eines Gefüges hängt von seinem Zustand (Wärmebehandlung) ab, umgekehrt läßt sich aus der Härte auf den (evtl. falschen) Gefügezustand schließen.

(2) Es ist keine besondere Probe nötig, am Werkstück entstehen nur unwesentliche Eindrücke.

c) Je kleiner der Eindruck, umso höher muß die Oberflächengüte sein (kleinere Rauhtiefe).

2   a) gehärtete Stahlkugeln (oder aus Sinterhartstoff) von 1; 2,5; 5 und 10 mm Durchmesser; Kräfte von Kugeldurchmesser und Werkstoff abhängig, in Stufen genormte Werte; Durchmesser des Kugeleindrucks; Brinellhärte ist Quotient aus Prüfkraft durch Eindruck-(Kalotten-)oberfläche

b) vierseitige Diamantpyramide mit 136° Spitzenwinkel; Prüfkraft beliebig, jedoch feste Werte nach Norm; Diagonale des Pyramideneindrucks; Vickershärte ist Quotient aus Prüfkraft durch Eindruck-(Pyramiden-)oberfläche

c) Diamantkegel mit 120° Spitzenwinkel; Prüfkraft konstant, als Prüfvor- und Prüfkraft in zwei Teilen aufgebracht; Härtewert ist der bleibenden Eindringtiefe (unter der Prüfvorkraft gemessen) umgekehrt proportional.

Aufgabe	ⓐ	ⓑ	ⓒ
Be.-Grad C	2,5	10	5
D in mm	5	2,5	5
F in N	613	613	1225

3 d) Die Kugel muß den Werkstoff verdrängen, er fließt. Dabei wird er in dünnen Proben durch den Widerstand der meist gehärteten Unterlage behindert. Die dadurch erhöhte Kaltverfestigung liefert größere Härtewerte. Deshalb soll die Probendicke s das 10-fache der Eindringtiefe der Kugel betragen (das 17-fache bei Schiedsversuchen). Die Nachprüfung dieser Forderung kann mit Diagrammen geschehen (DIN 50 351).

4 $F = 7355$ N; 285 HB 5/750

5 a) Für Stoffe mit einer Härte über 450 HB. Hierbei wird infolge der Abplattung der Kugel (elastische Verformung) ein größerer Eindruck erzeugt, damit ein weicherer Werkstoff vorgetäuscht. Zusätzlich ist das Ausmessen der flachen, kleinen Kalotte mit größeren Meßfehlern behaftet.

Für dünne Randschichten, weil der relativ große Kugeleindruck die tieferliegenden Schichten kaltverfestigt (LB, Bild 1.35)

b) Für Werkstoffe mit heterogenem Gefüge mit Kristallarten von stark unterschiedlicher Größe und Härte (Grauguß, Lagermetalle). Die 10 mm-Kugel trifft mit Wahrscheinlichkeit alle Phasen, es wird ein Mittelwert gemessen.

c) Zur Kontrolle der Zugfestigkeit von Stählen bis zu max. 1500 N/mm² = 430 HB nach $\sigma_{zB} \approx 3,5$ HB.

6 a) Diagonale $d = 0,2557$ mm

b) (1) Kleinlastbereich mit Kräften von 1,96 ... 49 N für Messung dünner Randschichten, runde Teile mit kleinen Radien, dünner Bänder und Folien.

(2) Mikrohärtemessung mit Kräften unter 1 N für einzelne Gefügebestandteile, für sehr spröde, harte Stoffe, die bei größeren Eindrücken zerspringen würden, galvanische Schichten.

c) Es ist das Verfahren der höchsten *Genauigkeit* kombiniert mit dem *breitesten* Meßbereich.

7 a) Prüfvorkraft $F_0 = 98$ N wird aufgebracht. Diamant dringt sehr wenig in das Werkstück ein. Meßgerät muß danach Null anzeigen.

Prüfkraft $F_1 = 1373$ N wird aufgebracht. Diamant dringt unter der Prüfgesamtkraft $F = 1471$ N weiter ein. Meßgerät zeigt plastische und elastische Eindringtiefe an.

Wegnahme der Prüfkraft F_1. Diamant drückt mit F_0 auf die Probe. Meßgerät zeigt jetzt weniger, d.h. nur die bleibende Eindringtiefe t_b an. Rockwellhärte kann direkt abgelesen werden.

b) Werkstoffe unter 20 HRC und über 70 HRC aus Gründen der Genauigkeit, Werkstücke und Schichten unter 0,7 mm Dicke wegen der Wirkung der Auflagefläche (siehe Antwort 3 d).

c) HRC = $100 - 500 \cdot 0,9 = 100 - 45 = 55$; Härte beträgt 55 HRC

d) Schnelle Messung mit *direkter* Ablesung des Härtewertes.

8

a	b	c	d	e	f	g	h	i
HB	HRC	HB HRC	HRC HV	HV	HV	HB 2,5	HB 10	Shore

9 a) Vickers-Verfahren bei Kräften zwischen 98 N … 980 N
b) Rockwell-Verfahren
c) Brinell-Verfahren

11.4 Prüfung der Festigkeit bei statischer Belastung

11.4.1 Allgemeines Bruchverhalten

1 a) Das Bauteil bricht ohne erkennbare Verformung.
b) Das Bauteil bricht erst nach starker sichtbarer plastischer Verformung.

2

a	b	c	d	e	f
V	T	T	T	T	T

g) fallende Temperatur → kleinere Wärmebewegung → kleinere Atomabstände. Dabei nimmt der Gleitwiderstand (Abgleiten von Kugelschichten, Wandern von Versetzungen) stärker zu als der Trennwiderstand (Abheben von Kugelschichten) → Äußere Kräfte bewirken Trennung statt Verformung.

3 Festigkeiten sind nicht auf den Momentanquerschnitt der Probe bezogen, sondern auf den Querschnitt vor dem Versuch. Es sind deshalb keine wahren Spannungen, sondern rechnerische Nennspannungen.

11.4.2 Der Zugversuch

1 Zugfestigkeit R_m (σ_{zB}), Streckgrenze R_e (σ_S), 0,2-Dehngrenze $R_{p0,2}$ ($\sigma_{0,2}$), Elastizitätsmodul E, Bruchdehnung A (δ), Brucheinschnürung $Z(\psi)$

2 Zugprobe, bei der die Meßlänge L (Abstand der Meßmarken) das 5-fache des Probendurchmessers d beträgt: kurzer Proportionalstab; oder das 10-fache beträgt: langer Proportionalstab

3 a) Die Zugkraft an der Probe ist über der Verlängerung der Probe aufgetragen.
b) Die Ordinate wird durch eine Konstante, den ursprünglichen Probenquerschnitt S_0, geteilt, damit ergibt sich die rechnerische Nennspannung σ. Die Abszisse wird durch eine andere Konstante, die ursprüngliche Meßlänge L_0, geteilt, damit ergibt sich die Dehnung ϵ und man erhält das Spannungs-Dehnungs-Diagramm.

4 a)

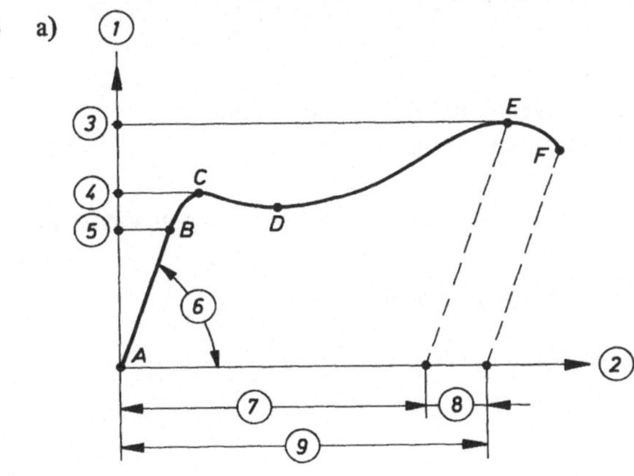

b) Hookesche Gerade mit der Proportionalitätsgrenze R_p (σ_P) beim Punkt B, Probe ist elastisch verformt, d.h. Spannung und Dehnung sind proportional.

c) Probe wird gering plastisch verformt; bei Punkt C ist die Streckgrenze R_e (σ_S) erreicht.

d) Fließvorgang, rückweises Abgleiten (Stau und Wandern von Versetzungen), daran anschließend

e) Kaltverfestigung, deshalb Ansteigen der zum weiteren Dehnen erforderlichen Spannung; Probe dehnt sich gleichmäßig bis Punkt E. Hier liegt die Zugfestigkeit R_m (σ_{zB}).

f) Ab Punkt E erfolgt die Einschnürung, Dehnung erfolgt nur noch im Einschnürbereich, bis der Restquerschnitt reißt. Bei F wirkt im Bruchquerschnitt die maximale wahre Spannung.

5 Bei Werkstoffen, deren Kennlinie von der Hookeschen Geraden ohne erkennbares Zwischenmaximum oder „Nase" ansteigt („nicht oder schwach erkennbare Streckgrenze"). Es ist eine der Streckgrenze gleichwertige Festigkeitsangabe, d.h. die Spannung, welche im Probestab eine festgelegte, minimale, plastische Verlängerung (0,2 % von L_0) hervorruft.

6 R_m (σ_{zB}) = 596,8 N/mm²; R_e (σ_S) = 437,7 N/mm²; A_5 (δ_5) = 20 %, Z (ψ) = 30,4 %

7 a) F = 28,3 kN; ΔL = 0,12 mm mit L_0 = 60 mm

8 a) und b)

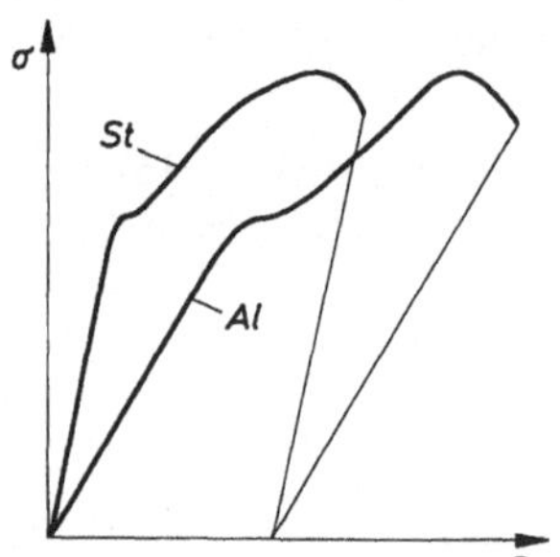

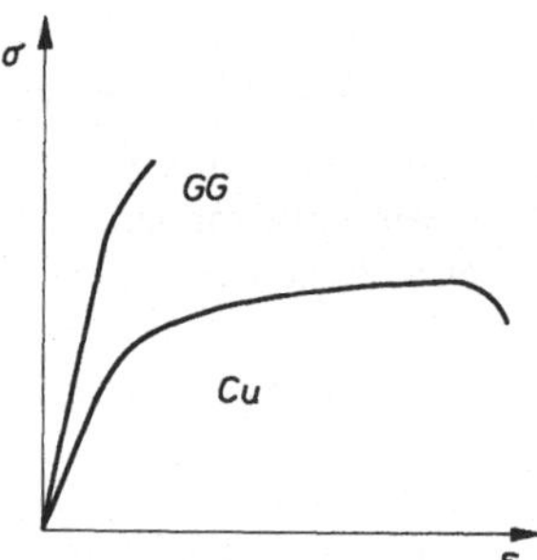

9 (1) normalisierter Zustand mit niedriger Festigkeit bei hoher Bruchdehnung,
   (2) vergüteter Zustand mit erhöhter Streckgrenze und Zugfestigkeit bei noch guter Bruchdehnung (Zähigkeit),
   (3) gehärteter Zustand mit sehr hoher Festigkeit (und Härte), keine merkliche Bruchdehnung (sehr spröde)

11.6 Prüfung der Zähigkeit

1 a) mit der *Arbeit,* die zum Zerbrechen einer Probe aufgebracht werden muß
   b) Zäh ist ein Werkstoff, der unter ungünstigen Bedingungen erst nach starker Verformung bricht.

2 *Raumgittertyp:* kfz. krz. hex. kompl. *Gefügeaufbau:* homogen/heterogen. *Spannungszustand:* einachsig/mehrachsig

3 a) Zugproben im Zugversuch bis zur Einschnürung, Zugstäbe
   b) Bleche von Druckbehältern
   c) Achsen und Wellen mit Nuten und Absätzen

4 *Zugversuch:* einachsige Beanspruchung bis zum Beginn der Einschnürung, quer dazu keine Verformungsbehinderung, Werkstoff bricht zäh. Bruchdehnung und Brucheinschnürung entsprechen den Normen.

Kerbschlagbiegeversuch: dreiachsige Beanspruchung, starke Verformungsbehinderung, Werkstoff bricht spröde; Kerbschlagarbeit(-zähigkeit) gering

5 a) Bei *langerer* Verformungszeit können mehr Abgleitvorgänge (Wanderung von Versetzungen) ablaufen, die Verformungsarbeit vor dem Bruch ist größer.

Bei *kurzer* Verformungszeit (Schlag) kommt es zu einem Stau der Abgleitvorgänge (Erhöhung des Gleitwiderstandes) und Trennungen der Kugelschichten, d.h. schlagartige Belastung fördert ein sprödes Bruchverhalten.

b) Beschrankung des verformten Werkstoffvolumens auf den Kerbenbereich, Ursache für das Auftreten eines dreiachsigen Spannungssystems im Kerbgrund, dadurch wird sprödes Bruchverhalten begünstigt.

c) Die Werkstoffkennwerte der Zähigkeit mussen mit Hilfe *gleicher* Proben an genormten Pendelschlagwerken ermittelt worden sein.

6 Schlagarbeit W_v ist die Differenz der potentiellen Energie W_p des Pendels in Ausgangsstellung und der Überschußenergie $W_{ü}$ nach dem Durchschlagen der Probe. Sie wird errechnet aus der Stutzkraft F (an der Hammerfinne in waagerechter Lage des Pendels gemessen) multipliziert mit der Differenz aus Fallhöhe h minus Steighöhe h_1.

7 a) (1) etwa waagerecht, d.h. die Temperatur hat keinen Einfluß

(2) Hochlage bei Temperaturen über 0 °C mit Steilabfall zur Tieflage mit kleinen Werten bei niedrigen Temperaturen unter 0 °C.

b) durch die Übergangstemperatur $T_{ü}$

c) T_u ist keine Konstante! Bei gleichen Probenformen hängt die Lage vom *Gefügezustand* ab. Feinkörniger und vergüteter Zustand verschiebt die Kurve nach links und etwas nach oben, grobkörniger oder gealteter Zustand nach rechts und unten.

d)

1	b
2	c
3	a

8 St 42-2 hat eine Schlagarbeit $W_v = 38$ J im künstlich gealterten Zustand bei 20 °C ermittelt, St 42-3 hat $W_v = 33$ J im Anlieferungszustand, jedoch bei *tieferer* Temperatur (0 °C) ermittelt.

9 Durch Vergüten, d.h. Abschrecken von über A_{c3} in Wasser und Anlassen auf 600 °C (Maximum der α_k-Kurve in Bild LB, 4.14)

10 a) Trennungsbruch

b) Verformungsbruch